LE PROBLÈME
DE
L'ÉCLAIRAGE

LE PROBLÈME
DE
L'ÉCLAIRAGE
A L'USINE ET A L'ATELIER

AVANTAGES ET INCONVÉNIENTS
DES DIFFÉRENTS SYSTÈMES D'ÉCLAIRAGE
AU POINT DE VUE
DE L'INSTALLATION, DE L'ÉCONOMIE & DE L'HYGIÈNE

par

JEAN ESCARD
Ingénieur civil

PARIS
LIBRAIRIE DUNOD ET PINAT
49, Quai des Grands-Augustins (VIe arr.)

1910

LE PROBLÈME DE L'ÉCLAIRAGE

Des meilleures conditions de rendement et de fonctionnement des différents systèmes d'éclairage au point de vue de l'installation, de l'économie et de l'hygiène.

INTRODUCTION

La question de l'éclairage est, à l'heure actuelle, une des plus importantes pour les industriels quel que soit le métier qu'ils exercent. En effet, la lutte incessante entre la consommation et la production, qui nécessite la prolongation des heures de travail au delà du jour, entraîne par cela même, pour effectuer convenablement le travail de nuit, l'emploi de foyers lumineux artificiels à la fois économiques et pratiques.

Il faut donc s'éclairer. Mais comment s'éclairer ? Telle est la question que nous nous proposons de résoudre au moins dans ses traits essentiels, mais qui, hâtons-nous de le dire dès le début de ce travail, est d'une extrême complexité. Le choix d'un éclairage est en effet beaucoup plus délicat aujourd'hui qu'il ne l'était il y a cent ans : les découvertes de nouvelles lampes, de nouveaux procédés d'éclairage, de nouveaux combustibles se sont si rapidement multipliées dans ces derniers temps qu'elles ont plus embrouillé la question qu'elles ne l'ont éclaircie ; et, approprier à une industrie nettement caractérisée un type de lampe en tout conforme aux multiples exigences qu'elle crée par sa nature même, demande autant d'expérience que de connaissance technique.

L'éclairage le plus économique au point de vue de la dépense n'est pas toujours, en effet, celui qui correspond au meilleur rendement lumineux; de même, ce dernier peut laisser beaucoup à désirer, dans bien des cas, au point de vue de la nature de la lumière produite ou de la sécurité (inflammabilité, explosibilité). D'un autre côté, l'emplacement d'une usine, la force dont elle dispose, sa proximité ou son éloignement d'une chute d'eau utilisable, influent aussi considérablement sur la nature de l'éclairage à adopter. Autre chose est d'éclairer un magasin de vêtements ou un atelier de dessin, une fabrique de dynamite ou une usine de papier, une place publique ou une mine. La couleur de la lumière à choisir, son intensité par unité de surface, sa hauteur au-dessus du sol, la direction des rayons qu'elle projette dans l'espace sont autant de points qu'il convient de faire entrer en ligne de compte dans le choix d'un éclairage, si modeste soit-il.

Pour arriver à des résultats dignes d'intérêt, il convient donc de mettre en regard : d'une part la nature et les exigences particulières de l'industrie envisagée et, d'autre part, les avantages et les inconvénients des différents systèmes d'éclairage actuellement utilisés. Il est bien évident que, la question étant ainsi présentée, le choix à faire pour l'application en vue sera en faveur du procédé dont les qualités surpassent celles d'un concurrent, quels que soient les avantages de ce dernier pour une autre application.

Dans cette courte étude, qui vise avant tout un but pratique, nous aurons donc à définir d'abord les principaux modes d'éclairage employés aujourd'hui. Nous étudierons ensuite leurs avantages et leurs inconvénients réciproques, soit au point de vue du rendement (rendement lumineux et rendement économique), soit au point de vue du fonctionnement (mécanisme de réglage, allumage, hygiène). Toutes les causes capables d'influencer ces différents facteurs seront également indiquées. Nous serons ainsi conduits naturellement à réserver aux seuls emplois pour lesquels elles paraissent susceptibles les lampes dont les caractères généraux sont en rapport étroit avec l'application en vue.

Jean Escard.

PREMIÈRE PARTIE

Principaux modes d'éclairage actuellement utilisés dans l'industrie.

On peut diviser les nombreux types de foyers lumineux actuellement employés dans l'industrie en trois catégories principales suivant la nature de l'illuminant :

1° Foyers alimentés par des combustibles liquides ;

2° Foyers alimentés par des combustibles gazeux ;

3° Foyers électriques.

Sans nous préoccuper pour le moment des caractères qui les différencient au point de vue du rendement ou de la dépense de fonctionnement, indiquons sommairement les particularités qui s'attachent à chacun d'eux et les dispositifs qui sont généralement employés pour les rendre pratiquement utilisables.

§ I. — *Foyers alimentés par des combustibles liquides.*

Les liquides capables d'entrer en combustion par le contact d'une flamme et d'entretenir eux-mêmes cette combustion une fois que la flamme a cessé d'agir, sont très nombreux ; peu cependant peuvent être avantageusement utilisés dans l'éclairage industriel. Parmi ces derniers, il faut citer principalement l'huile végétale, le pétrole, l'essence et l'alcool.

Huile végétale. — L'huile végétale destinée à l'éclairage est extraite généralement des graines de colza, de navette, d'œillette, de chanvre et de coton ; les trois dernières ne sont employées qu'exceptionnellement, l'huile qu'elles fournissent étant de qualité inférieure.

Les appareils qui utilisent l'huile végétale comme matière éclairante sont peu répandus aujourd'hui par suite de la concurrence que leur font les autres systèmes d'éclairage. La plupart de ceux qui subsistent actuellement se signalent par leur simplicité et leur régularité de fonctionnement, mais la lumière qu'ils produisent est variable suivant le type de lampe choisi. Dans certains modèles, le réservoir est un récipient en fer-blanc qui contient le liquide et dans lequel plonge une mèche tressée ; l'ascension de l'huile se fait par capillarité, la mèche étant guidée, au fur et à mesure de sa combustion, par une gaine métallique se vissant sur le réservoir. Dans quelques dispositifs employés par les Compagnies de chemins de fer, la lampe (fig. 1) possède un bec plat C, et le réservoir A, en forme d'anneau, est placé au-dessus du bec. L'huile arrive à celui-ci par deux branches coudées B et B_1. Le remplissage s'effectue en retournant la lampe de bas en haut ; une seule des deux branches coudées sert à cet usage : elle est, dans ce but, munie d'un bouchon D.

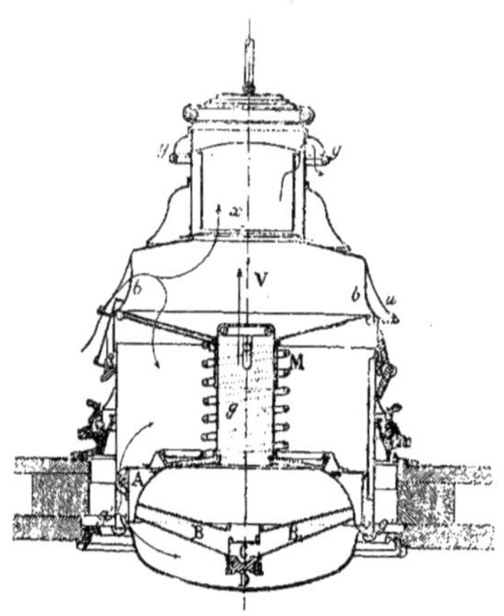

Fig. 1. — Lampe à huile industrielle à bec plat.

Les principaux types de lampes à huile employées à l'heure actuelle sont : la lampe à réservoir latéral, la lampe Carcel (dont un modèle, spécialement conditionné, sert d'unité d'intensité lumineuse) et la lampe « modérateur » due à Franchot. Ces différentes lampes sont assez économiques, mais les nettoyages fréquents qu'elles exigent sous peine de rendre leur fonctionnement difficile limitent leurs applications : très bien conditionnées, elles constituent des appareils de luxe donnant une lumière très blanche et agréable à la vue ; réduites au contraire à leur plus grande simplicité, elles trouvent leur principal emploi dans les installations où l'on peut se contenter d'un faible éclairage, telles que les couloirs d'usines, les caniveaux souterrains, les tunnels.

Pétrole. — Le pétrole ou « huile lampante » est le produit résultant de la distillation des huiles minérales ou pétroles bruts que l'on exploite en abondance aux États-Unis et au Caucase. Les carbures qui passent à la distillation entre 150° et 280°, et dont la densité varie entre 0,77 et 0,83, constituent le combustible utilisé dans les lampes dites à pétrole. Les pétroles de luxe ne s'enflamment que vers 55°; ceux de qualité ordinaire ne doivent jamais s'enflammer au-dessous de 38°.

La détermination de cette propriété peut s'effectuer de plusieurs façons suivant qu'il s'agit de connaître le *point éclair*, c'est-à-dire la température à laquelle les vapeurs de pétrole mélangées à l'air font explosion pour s'éteindre aussitôt, ou le *point de combustion*, qui correspond à la température nécessaire pour qu'il puisse prendre feu en continuant ensuite à brûler. Les appareils employés dans ce but portent le nom de *naphtomètres*.

L'éclairage au pétrole exige qu'on fournisse à celui-ci une quantité d'air suffisante pendant sa combustion, sinon cette dernière est incomplète : les carbures se dissocient alors avec dépôt de charbon et la lampe fume. La plupart des dispositifs actuels ont précisément pour but d'obtenir un réglage aussi parfait que possible de l'entrée de l'air dans les foyers à pétrole et ils semblent surtout se différencier par la forme du bec. On distingue principalement : les *becs ronds à mèche ronde*, les *becs ronds à mèche plate* et les *becs plats*.

L'ascension du liquide se fait presque toujours par capillarité. Quant à l'arrivée de l'air, elle peut se faire, soit sous forme de courant d'air central (lampe solaire), soit sous forme de courant d'air ménagé entre des mèches plates (lampes à plusieurs mèches).

Les dimensions des becs varient avec la puissance de la lampe, c'est-à-dire avec l'intensité de la lumière que l'on désire obtenir ; ils sont généralement en laiton, de préférence sans soudure, en raison de la température assez élevée qu'ils doivent supporter pendant les heures d'éclairage. Les mèches sont en coton tissé ; leur qualité influe sur la capillarité et par suite sur la régularité de fonctionnement de la lampe ; on augmente parfois cette capillarité, pour les mèches plates, en constituant leur partie interne par de la soie.

Essence. — L'essence de pétrole, ou naphte, correspond à la portion des pétroles bruts qui distille au-dessous de 150°. Elle se distingue du pétrole commercial par sa plus faible densité ($d = 0,67$ à 0,72) et surtout par sa plus grande inflammabilité : celle-ci est due à la tension de vapeur très élevée de l'essence au voisinage même de la température ordinaire. On sait du reste que ce liquide ne peut se conserver que dans des flacons bien bouchés et loin de toute flamme. Une autre différence qu'elle présente avec le pétrole c'est de ne laisser aucune trace grasse sur le papier lorsqu'elle est pure.

Les lampes à essence comprennent généralement un réservoir rempli d'une matière spongieuse (feutre, coton, bourre, crin) imbibée de liquide. Une mèche pleine, en coton, communique avec ce réservoir et débouche à l'air, guidée par un tube cylindrique qui la serre assez fortement. Pour éviter tout accident, il est recommandé de faire l'emplissage de ces lampes pendant le jour et à l'abri de corps incandescents.

La flamme produite par l'essence est presque toujours de forme cylindrique ; on peut cependant lui donner une forme quelconque en modifiant la section de la mèche ou en en juxtaposant plusieurs. Certains modèles comportent, à l'extrémité du tube, une série de trous par lesquels s'échappe l'essence : celle-ci brûle alors en formant autant de dards qui, en s'unissant, donnent une flamme pouvant acquérir une très grande surface. L'emploi des globes ne modifie pas sensiblement la quantité de lumière produite : elle augmente seulement sa fixité.

Les essais entrepris dans le but d'utiliser les lampes à pétrole ordinaires avec cheminée à l'éclairage par l'essence n'ont pas donné de bons résultats ; l'échauffement du liquide est toujours considérable, ce qui rend la lampe d'une manipulation dangereuse et d'un remplissage difficile.

Alcool. — L'alcool industriel (alcool éthylique C^2H^5OH, esprit de vin) résulte, comme on le sait, de la distillation de la betterave. Il brûle avec une flamme presque incolore et reste stable jusque vers 350°. On ne l'emploie jamais à l'état brut pour l'éclairage, mais on le *dénature* en l'additionnant de méthylène (10 °/₀ environ) et d'une très petite quantité de benzine (1 °/₀ env.). Sa densité est 0,834 à 15° et son point d'ébullition 77°, 5.

Très peu d'appareils d'éclairage utilisent l'alcool à l'état liquide, les dispositifs jusqu'ici essayés n'ayant pas donné des résultats intéressants au point de vue du rendement et de l'économie. Les lampes à pétrole ordinaires peuvent cependant convenir dans la plupart des cas, mais on augmente alors le pouvoir éclairant de l'alcool en l'additionnant d'hydrocarbures (benzine, toluène). On obtient ainsi une flamme claire, qui n'enfume pas la lampe et dont l'intensité lumineuse demeure sensiblement constante. On peut élargir la flamme en ajoutant au bec un disque ou un capuchon métallique comme cela se pratique pour les lampes à pétrole. L'alcool méthylique $CH^3.OH$ donne les mêmes résultats que l'alcool éthylique et peut le remplacer dans la plupart des cas s'il est suffisamment pur et concentré au maximum.

§ II. — *Foyers alimentés par des combustibles gazeux.*

Les composés gazeux capables de fournir en brûlant une lumière éclairante sont assez nombreux. Suivant leur nature, ils peuvent être employés soit seuls soit mélangés à d'autres combustibles. Au point de vue de leur origine, les gaz destinés à l'éclairage peuvent être constitués :

1° par des gaz permanents provenant de la distillation de composés carburés (gaz de houille, gaz d'huiles lourdes) ou de réactions chimiques (acétylène, gaz à l'eau) ;

2° par des gaz provenant de la vaporisation de liquides combustibles (gaz d'alcool, gaz benzolé, gaz aérogène).

Suivant l'application qu'on leur réserve, ils peuvent en outre être employés sous forme de gaz brûlant à l'état de flamme éclairante ou à l'état de foyer capable de porter à une haute température des oxydes ou composés spéciaux introduits dans leur flamme. Dans ce dernier cas, les radiations lumineuses sont produites, non par le gaz lui-même, mais par les substances chauffées au blanc éblouissant et rendant sous forme d'énergie lumineuse l'énergie de combustion des gaz (bec Auer).

Gaz ordinaire (ou gaz de houille). — Le gaz d'éclairage ordinaire provient de la distillation de la houille en vase clos ; il est formé par un mélange de carbures d'hydrogène et de composés carbonés, en particulier par une assez forte proportion de méthane, d'oxyde de carbone et d'éthylène. C'est surtout ce dernier corps qui, avec les traces de benzol qu'il contient, lui communique son pouvoir éclairant.

Les appareils d'éclairage au gaz de houille sont de deux sortes : appareils brûlant directement le gaz (brûleurs à air libre et à air chaud) et appareils constitués par des brûleurs à incandescence. La forme des becs employés varie avec les appareils : on utilise principalement, dans les brûleurs à air libre, le bec bougie, le bec papillon, le bec manchester et le bec à double courant d'air. Dans les brûleurs à air chaud, la chaleur produite par la combustion du gaz est utilisée pour élever sa température avant même qu'il se consume à l'état de flamme : la puissance lumineuse du gaz s'en trouve augmentée d'autant, et il en résulte ainsi une économie importante pour une même dépense de gaz. Les foyers Siemens, la lampe Wenham, le foyer Parisien sont des applications de ce principe.

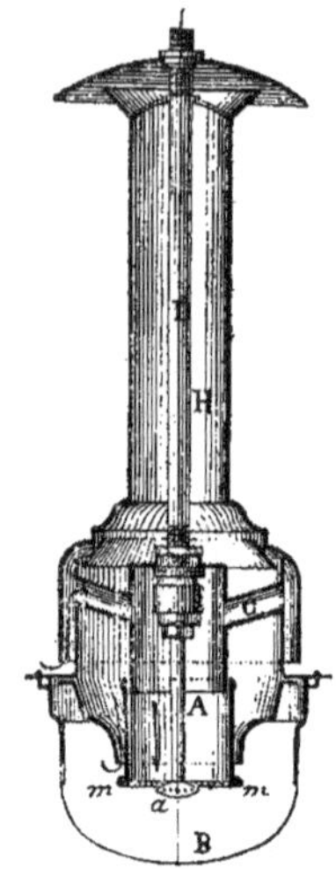

Fig. 2. — Lampe à récupération Wenham.

Dans la lampe Wenham (fig. 2), le gaz arrive de haut en bas par une tige D puis est distribué automatiquement à l'aide d'un bouton en stéatite a. Une cheminée en tôle H dirige la flamme renversée de l'intérieur vers l'extérieur. L'air arrive dans la chambre de combustion A après avoir traversé les carneaux inclinés C. Une couronne en porcelaine m m préserve la fonte du récupérateur du contact immédiat de la flamme et, pour éviter toute rentrée directe d'air froid dans l'appareil, la combustion a lieu dans le globe B.

Les brûleurs à incandescence par le gaz sont très nombreux. Quels que soient cependant leur forme extérieure et les mécanismes qui les différencient, ils dérivent tous du bunsen ordinaire dont la flamme, aménagée de façon à produire la combustion complète du gaz, est employée à assurer l'incandescence des manchons. Ces derniers sont constitués par une trame légère de coton imprégnée de divers oxydes (oxydes de thorium, lanthane, didyme, cérium) dont le pouvoir émissif est considérable à la température du rouge blanc. Le brûleur Bandsept, le bec Kern, les brûleurs Lecomte, Saint-Paul, Denayrouse, la lampe Lucas sont des modèles récents dérivés du système Auer.

Gaz riche, albocarbon, gaz benzolé. — Le *gaz riche* est un composé gazeux et combustible comparable au gaz de houille mais d'un pouvoir éclairant beaucoup plus élevé. Il se fabrique avec le boghead, le cannel-coal ou les lignites que l'on distille, comme la houille, dans des récipients fermés. Il renferme environ 58 gr. de benzol par mètre cube. On l'utilise, sous le nom de « gaz portatif » pour l'éclairage des villas, des voitures de chemins de fer, des bouées et des phares. Il est alors comprimé à 20 kg. et livré dans des réservoirs spéciaux.

L'albocarbon, dont l'usage est très peu répandu aujourd'hui, résulte de l'action du gaz d'éclairage ordinaire sur la naphtaline. Celle-ci est placée dans un récipient (fig. 3) et chauffée par conductibilité à une température peu élevée (la naphtaline émet déjà des vapeurs à la température ordinaire). En passant sur cette substance, le gaz se sature d'hydrocarbures et donne une flamme très éclairante.

Fig. 3.
Bec à albocarbon.

Le *gaz benzolé* est un mélange de gaz ordinaire et de benzol vaporisé. Le benzol, que l'on extrait facilement des goudrons ou du naphte, a une tension de vapeur considérable et communique aux combustibles avec lesquels on le mélange un grand pouvoir éclairant. Pour l'utiliser avec profit, il convient cependant de connaître l'intensité lumineuse du gaz employé et son débit. Il réalise alors une grande économie.

Gaz à l'air (ou *gaz aérogène*). — Le gaz à l'air résulte d'un mélange, en proportions déterminées et limitées, d'air et de vapeurs de liquides combustibles très volatils, comme la gazoline (ou éther de pétrole), l'essence, le benzol. Il est rarement utilisé à l'état de flamme simple à cause de son faible pouvoir éclairant, mais, convenablement préparé, il peut alimenter des lampes auto-incandescentes et à manchons. Il est malgré cela d'un emploi assez dangereux et peut faire courir des risques d'explosion si la carburation est insuffisante.

Gaz d'alcool, de pétrole, d'huiles lourdes. — L'*alcool* gazéifié par une veilleuse ou un brûleur donne une flamme très chaude qui, activée par l'air, peut très bien servir à alimenter les becs du genre Auer. Les différents systèmes de lampes qui l'utilisent ne diffèrent entre eux que par la manière d'amener l'alcool à l'appareil vaporisateur et par le mode de chauffage de ce dernier.

Le *pétrole* porté à une température suffisante peut également donner un gaz très éclairant : les lampes intensives à flamme en dessous sont basées sur ce principe, le liquide étant gazéifié par récupération de chaleur. Etant donné sa grande puissance calorifique, on peut également l'employer pour porter à l'incandescence les manchons Auer. Malheureusement, le pétrole est un mélange d'hydrocarbures et non un composé défini, et sa volatilisation est en même temps une sorte de distillation : il en résulte une variation assez sensible dans la nature des gaz produits à des instants très rapprochés et par suite une irrégularité d'éclat dans la flamme. Dans ces derniers temps, on a pu cependant remédier à cet inconvénient, et un grand nombre d'appareils employés aujourd'hui industriellement donnent de très bons résultats comme pouvoir éclairant et comme rendement : citons en particulier les lampes Hantz, Kitson, Kornfeld et Lestchinsky.

Le *gaz d'huile* est plus économique qu'éclairant ; il repose sur la vaporisation de l'huile lourde de pétrole ou de schiste et sur l'emploi de la flamme du brûleur pour produire la gazéification. La lampe Wells l'utilise sous forme d'une flamme mesurant près de $0^{m},90$ de longueur sur $0^{m},15$ de diamètre. Elle paraît surtout destinée à l'éclairage des chantiers, expositions, installations provisoires, etc.

Acétylène. — L'acétylène résulte de la décomposition du carbure de calcium en présence de l'eau. Son pouvoir éclairant, qui est 15 fois supérieur à celui du gaz de houille, en fait un combustible des plus économiques et des plus précieux. Comme il contient beaucoup de carbone et que, par combustion incomplète, ce dernier donnerait une flamme fumeuse, on doit avoir recours, pour éviter cet inconvénient, à des becs de très petite ouverture où l'on fait arriver assez d'air pour empêcher la flamme d'être fuligineuse. Les becs employés à cet effet sont, soit des becs papillons à fente étroite (fig. 4), soit des becs Manchester à trous très fins et inclinés (fig. 5) produisant deux jets de gaz qui s'étalent en lame mince en se rencontrant.

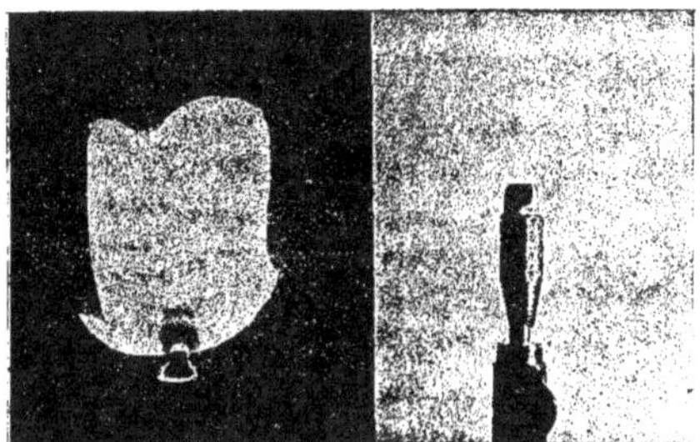

Fig. 4. — Bec à fente pour lampes à acétylène.

Les appareils actuellement utilisés pour produire l'acétylène peuvent se diviser en 4 catégories principales : 1° appareils à chute d'eau sur le carbure; 2° appareils à chute de carbure dans une masse d'eau; 3° appareils à acétylène dissous; 4° brûleurs à acétylène.

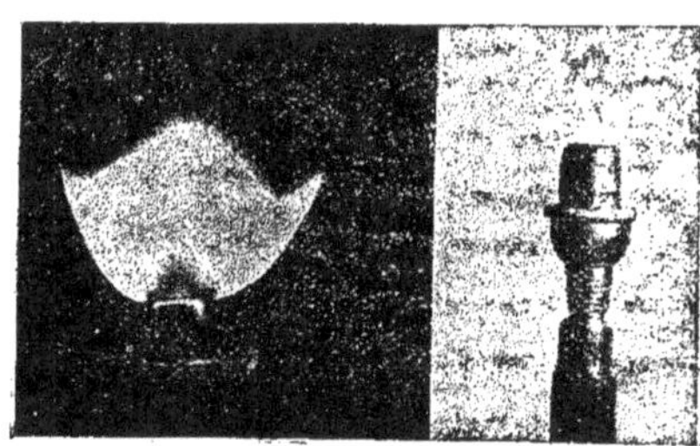

Fig. 5. — Bec Manchester pour lampes à acétylène.

Certains dispositifs permettent également d'utiliser l'acétylène mélangé à d'autres gaz (gaz de houille, hydrogène, gaz d'huile). Le mélange avec l'air semble peu pratique au point de vue de la sécurité.

Gaz à l'eau. — Le gaz à l'eau résulte de l'action exercée par la vapeur d'eau sur le charbon porté au rouge, d'après la réaction :

$$H^2O + C = 2H + CO.$$

C'est donc un mélange d'hydrogène et d'oxyde de carbone.

gaz tous deux très combustibles. En réalité, il y a également formation d'anhydride carbonique, dû à la suroxydation de l'oxyde de carbone, et d'acide sulfhydrique provenant du charbon (coke) employé dans la préparation. Il faut donc le purifier pour le rendre suffisamment éclairant.

On utilise le gaz à l'eau, soit seul, dans l'éclairage à incandescence, soit mélangé à d'autres gaz (benzol, huile de naphte, gaz de houille). Il tend à se généraliser aujourd'hui en raison de son prix de revient peu élevé et de la facilité de sa préparation. Un réglage spécial des brûleurs est cependant nécessaire lorsqu'il est employé seul.

§ III. — *Foyers électriques.*

L'éclairage réalisé, tel que nous le voyons aujourd'hui, au moyen de l'énergie électrique, peut être obtenu de trois façons différentes : par arc voltaïque, par incandescence et par luminescence. Ce dernier procédé est le plus récent et le plus économique.

Eclairage par l'arc voltaïque. — Si, entre les extrémités de deux petits cylindres pleins en charbon ayant un simple point de contact, on fait passer un courant électrique et si on éloigne ensuite les deux charbons, on obtient une lumière éblouissante à laquelle on a donné le nom d'*arc voltaïque*. La lumière ainsi produite est due à la vapeur de carbone portée à une très haute température (3500° environ) et rendue conductrice par le passage du courant. Si les deux charbons entre lesquels jaillit l'arc sont disposés horizontalement, le courant d'air chaud ascendant donne à la flamme une forme courbe, d'où le nom d'*arc* sous lequel on le désigne généralement et dû, comme on le voit, à une circonstance purement accidentelle de sa production.

Pour pouvoir être maintenu dans une position fixe et indépendante de l'usure des charbons, l'arc électrique nécessite un mécanisme de réglage. C'est surtout par la différence d'agencement de ce dernier que se distinguent les uns des autres les nombreux types de lampes à arc actuellement utilisés dans l'industrie.

Outre les charbons purs, on utilise encore aujourd'hui des charbons mélangés ou additionnés de substances particulières. A ce point de vue, les différentes sortes d'arcs électriques peuvent être classées de la façon suivante : 1° arcs entre charbons graphitiques purs; 2° arcs entre charbons formés d'une pâte charbonneuse additionnée de matières minérales ; 3° arcs entre charbons à âme, c'est-à-dire formés d'un cylindre de charbon pur contenant un ou plusieurs canaux longitudinaux de faible section; ces derniers sont remplis de substances minérales seules ou additionnées de charbon ; 4° arcs entre charbons minéralisés dans la pâte et munis, en outre, d'âmes elles-mêmes minéralisées ; 5° arcs entre charbons à enveloppe formée d'un cylindre minéralisé et d'une enveloppe munie de charbon ; 6° arcs entre métaux ; 7° arcs entre électrodes mixtes formées de charbons mélangés à des substances minérales.

Les charbons les plus employés actuellement sont les charbons graphitiques, les charbons minéralisés et les charbons à âme encore appelés charbons à mèche.

Éclairage par incandescence. — Les lampes à incandescence comprennent deux groupes parfaitement distincts : les lampes à filament de carbone et les lampes à filament métallique. Ces dernières sont de date récente, mais, étant donné leurs avantages économiques et la qualité de la lumière qu'elles produisent, elles tendent à remplacer de plus en plus les lampes ordinaires à filament de carbone. La lampe tantale, la lampe à osmium, les lampes à filament de tungstène et de molybdène, la lampe Osram (étym : *os*, OSMIUM, et *ram*, WOLFRAM, minerai de tungstène) sont les types les plus récents des lampes à filament métallique. On emploie aussi depuis peu les filaments de zirconium, de silicium et de niobium.

Éclairage par tubes luminescents. — On sait que si dans un tube contenant une vapeur ou un gaz très raréfié, on fait passer un fort courant électrique d'induction, ce tube est le siège d'un phénomène spécial : il devient luminescent. Les tubes de Geissler, l'ampoule de Crookes, les tubes de Moore fonctionnent d'après ce principe et les effets qu'ils produisent ne diffèrent surtout que par la puissance du vide obtenu et la coloration de la lumière.

Les lampes industrielles à vapeur de mercure (lampes Cooper-

Hewit, Bastian, Heraeus, Schott, Uviol, Otto Vogel) reposent sur l'incandescence de la vapeur métallique à haute température, cette dernière étant provoquée par le passage du courant à travers l'ampoule. L'émission de lumière semble du reste en rapport avec la température de la flamme. Ces lampes paraissent surtout destinées à l'éclairage des grands espaces et à la production d'effets lumineux déterminés.

DEUXIÈME PARTIE

Avantages et inconvénients des différents systèmes d'éclairage au point de vue de la dépense de fonctionnement (rendement lumineux et rendement économique).

Le *rendement lumineux* d'un foyer éclairant est le rapport des radiations visibles à la puissance lumineuse totale qu'il fournit. Son *rendement économique* est le rapport de la quantité de lumière émise à la dépense d'énergie mise en jeu pour l'alimenter. Ce dernier est le facteur le plus intéressant pour nous, car il nous permet, par sa détermination, d'établir une comparaison exacte entre les différents systèmes d'éclairage au point de vue de leurs avantages et de leurs inconvénients économiques.

Pour pouvoir être fixé à cet égard, il convient cependant de faire entrer en ligne de compte toutes les influences capables d'augmenter ou de diminuer le pouvoir éclairant d'une lampe. Ces influences sont de deux sortes : influences dues à la nature de l'illuminant et influences extérieures (globes, murs, réflecteurs). Nous les étudierons donc séparément.

§ I. — *Influences dues à la nature de l'illuminant et aux dispositifs employés.*

Prix de revient comparatifs des différents systèmes d'éclairage par unité de lumière fournie. — Si les différents modes d'éclairage possédaient les mêmes avantages au point de vue de la dépense du combustible, il est clair que l'appropriation d'un système ou d'un autre à une application quelconque s'effectuerait sans grande difficulté. Il n'en est malheureusement pas ainsi, et pour une même quantité de lumière émise, les différents foyers lumineux ne consomment pas une quantité égale de combustible. Si l'on compare par exemple le gaz et l'électricité, on remarque que tous deux utilisent comme corps incandescent des substances analogues, carbone ou oxydes métalliques, tous deux solides. Le prix de revient doit donc surtout dépendre du procédé employé pour chauffer le corps incandescent et du rendement de l'appareil utilisé.

Les chiffres que nous donnons un peu plus loin permettent de solutionner la question. Cependant, comme ils sont en rapport étroit avec la quantité de lumière produite, il convient auparavant de définir ce qu'on entend, dans la pratique, par *unité d'intensité lumineuse* : c'est la lumière fournie par une lampe à huile Carcel consommant 42 grammes à l'heure, la hauteur de la mèche étant de 10 millimètres ; elle porte le nom de *bougie*. L'unité Violle, qui diffère sensiblement de la précédente et qui a la propriété d'être beaucoup plus rigoureuse, représente l'intensité lumineuse qui se dégage normalement de la surface de 1 centim. carré de platine porté à sa température de fusion. On connait encore d'autres unités d'intensité lumineuse, adoptées par différents pays et dont la valeur se rapproche de celle donnée par la lampe Carcel.

D'après les essais effectués par M. Violle, il faut, pour remplacer la bougie Carcel :

0,481 étalon Violle ;
9.62 bougies décimales ;
8,91 candles (étalon anglais) ;
7.89 Kerzen (étalon allemand) ;
9,08 étalons Heffner.

Ceci étant dit, les chiffres contenus dans le tableau ci-après pourront nous renseigner sur le prix des différents systèmes d'éclairage par unité de lumière, soit par bougie-heure :

COMBUSTIBLE	BEC	DÉPENSE PAR HEURE	DÉPENSE PAR BOUGIE-HEURE
			fr.
Gaz de houille.	Auer nº 3. .	152 litres	0,037
Gaz sous pression.	Lecomte . .	315 »	0,027
Alcool dénaturé à 90º . .	Phœbus. . .	98 grammes	0,212
Essence minérale.	Lecomte . .	61 »	0,125
Alcool (1/3)+benzine(2/3)	Denayrouze.	25 »	0,076
Lampe Nernst.	»	220 watts	0,106
Lampe à fil. de charbon.	»	240 »	0,158
Lampe au tungstène . . .	»	198 »	0,083
Lampe au tantale	»	184 »	0,121
Lampe à vap. de mercure	»	212 »	0,062
Lampe à arc	»	500 »	0,055

Les chiffres suivants permettent, d'un autre côté, de se rendre compte, par comparaison, de la quantité de lumière correspondant à une même dépense, soit 1 fr. 25, pour les principaux modes d'éclairage :

	Bougies-heure.
Bougie stéarique	79
Lampe à huile	380
Bec à gaz papillon	418
Lampe électrique à filament de carbone	602
Lampe Nernst	1064
Lampe tantale.	1300
Lampe à arc.	1818
Bec Auer.	2632
Lampe à vapeur de mercure	8547

Ces chiffres ne sont évidemment qu'approximatifs, mais ils permettent néanmoins de se faire une idée assez juste des prix de revient des différents systèmes d'éclairage en tant que dépense correspondant à une même quantité de lumière. Etudions maintenant les variations relatives à chaque combustible en particulier et concernant, soit leur nature propre, soit les dispositifs qui permettent de les utiliser.

Variation des prix de revient par rapport au mode d'émission de la lumière. — En ce qui concerne les *huiles*, la consommation varie surtout avec la nature et la forme des becs employés. Le tableau ci-dessous donne quelques indications à ce sujet par rapport au diamètre des becs :

TYPE DE LAMPE	DIAMÈTRE extérieur	CONSOMMATION horaire	INTENSITÉ MOYENNE horizontale
	mm.	gr.	carc.
Lampe Modérateur . . .	15,8 . . .	17.60	0,230
	24,8 . . .	29,33	0.764
Lampe Hardon.	31,6 . . .	45,00	»
Lampe Gagneau.	24,8 . . .	60.00	»
	31,6 . . .	80.00	»
Bec rond (Cie du Nord).	24,8 . . .	32,00	0,700

Les quantités de *pétrole* dépensées pour des types différents de lampes varient peu : les brûleurs ordinaires ont sensiblement le même rendement, soit 32 gr. par carcel-heure. Les lampes intensives donnent le carcel avec 30 grammes. L'emploi d'un manchon augmente le rendement dans des proportions importantes, de 6 à 7 fois environ ; c'est ainsi que le carcel s'obtient avec 5 gr. environ de pétrole dans ces dernières lampes.

Voici, d'un autre côté, quelques chiffres concernant la lampe Calvao au pétrole ordinaire vaporisé à faible tension et alimentant des manchons incandescents. Une quantité de pétrole égale à 1 litre peut éclairer des lampes de puissances diverses pendant les durées suivantes :

40 bougies	. . . .	40 heures.
80 —	. . . .	24 —
200 —	. . . .	12 —
300 —	. . . .	6 —

Ces chiffres montrent qu'un litre de pétrole du prix de 0 fr. 35 donne, pendant 24 heures environ, un pouvoir éclairant égal à celui d'un bec de gaz à incandescence consommant 100 litres à l'heure. Cela revient à dire que, pour la dépense, la durée de l'éclairage est double pour la lampe précitée de celle correspondant au bec de gaz incandescent de même intensité.

L'incandescence par l'*essence* est un peu moins économique. Voici les résultats obtenus avec une essence d'automobile à 68 gr.

par litre, les chiffres indiqués correspondant toujours à 1 litre de combustible :

80 bougies	. . . .	18 heures.
250 —	. . . .	6 —
350 —	. . . .	4 h. 1/2.
1000 —	. . . .	2 —

Pour l'*alcool*, il résulte des recherches de M. Sorel que le rendement des lampes à flamme libre est inférieur à celui des lampes à manchons incandescents. On remarque, en outre, que l'alcool carburé à 50 0/0 est plus avantageux que l'alcool dénaturé seul, les manchons employés étant de même nature et de même dimension. Le tableau suivant contient quelques résultats fort intéressants à cet égard :

TYPES DE LAMPES	NATURE DU LIQUIDE		INTENSITÉ en bougies	CONSOMMATION en cm³ par bougie-heure
Sans gazéification.	Alcool carburé	à 35 o/o. . . .	5.6	7.5
		à 50 o/o. . . .	20	3.1
Avec gazéification.	Alcool dénaturé	Simplex. . . .	25,1	4.0
		Schuchardt . .	61	3.7
		Bec Landi. . .	38	3.4
	Alcool carburé	Sans pression.	185.5	0.7
		Alkolumine n° 6	140	1.3
		Kornfeld . . .	610	0,5

Avec le *gaz de houille*, les résultats les plus intéressants sont obtenus par l'emploi des becs système Auer. Les brûleurs à air libre consomment différemment suivant le modèle de bec utilisé. Ainsi, le bec Manchester de 1 millim., correspondant à une dépense de 100 à 150 litres de gaz par heure, consomme de 160 à 180 litres par carcel-heure ; le bec papillon de 0m,50 correspondant au même débit, consomme de 125 à 140 litres ; le brûleur intensif (6 papillons de 0m,60), correspondant à un débit de 875 à 1400 litres à l'heure, consomme de 90 à 100 litres. Avec le bec Auer à manchon incandescent, l'économie est sensible ; en effet, les foyers lumineux actuellement employés (pression de 50 millimètres) ont une consommation spécifique comprise entre 15 et 18 litres seulement de gaz par carcel-heure.

L'*acétylène* est encore plus économique que le bec Auer : il éclaire en effet 15 fois plus environ que le gaz de Paris. Le tableau suivant donne, d'après M. Lewes, son pouvoir éclairant par rapport à celui des autres gaz :

Gaz de la Ville de Paris	9.5
Gaz de la Ville de Londres	11.5
Ethylène	49
Buthylène	86
Acétylène	168

Les chiffres indiqués expriment les carcels-heure par mètre cube de gaz. Ils montreraient par un calcul simple que, tandis qu'il faut environ 105 litres de gaz de houille pour produire le carcel, avec l'acétylène 6 litres suffisent. Un mélange contenant 30 0/0 d'acétylène et 70 0/0 de gaz de houille consomme environ 35 litres par carcel.

En ce qui concerne les *lampes électriques*, nous n'avons rien à ajouter à ce qui a été dit à la page 21 ; les chiffres donnés à ce sujet sont largement suffisants pour montrer l'économie réalisée par l'emploi de l'un ou l'autre modèle.

Il nous reste à étudier maintenant les influences indépendantes des lampes elles-mêmes ; elles ne sont point, en effet, sans importance au point de vue du rendement économique des foyers lumineux et méritent par conséquent d'être signalées ici.

§ II. — *Influences dues à la nature du milieu éclairé.*

Suivant la nature du milieu éclairé et les conditions dans lesquelles on utilise les lampes, le rendement *en quantité de lumière* peut varier dans de grandes proportions. Trois phénomènes concourent surtout à influencer ce rendement ; l'absorption due à la présence des globes, l'action des réflecteurs et la diffusion produite par les murs.

Absorption par les globes. — Il est évident que la quantité de lumière émise par une source lumineuse est d'autant plus grande que celle-ci éclaire plus directement l'objet qui est près d'elle. Quelles que soient leur nature et leur transparence, les globes absorbent toujours une certaine quantité de la lumière fournie par le foyer incandescent. La bonne répartition de l'éclairage se trouve donc compensée par un inconvénient : celui de la perte d'une partie du combustible dépensé.

Dans les lampes à incandescence à filament de carbone, le noircissement de l'ampoule amène une si grande absorption de lumière qu'elles sont mises rapidement hors d'usage dès que le dépôt commence. On attribue ce dernier à la volatilisation lente du carbone du filament et à sa condensation sous la forme amorphe.

Dans les lampes à arc, l'influence des globes est différente suivant la constitution chimique des charbons et la nature des verres. Les chiffres ci-dessous sont les résultats d'essais entrepris par MM. Morris et Farron sur quatre types de globes sphériques : le premier, clair, avait 3,5 millim. d'épaisseur, 32cm,5 de diamètre et était ouvert à ses deux extrémités ; le second, légèrement opale, était plus mince que le précédent et avait 27cm,5 de diamètre ; le troisième, de 2 millim. d'épaisseur, avait 20cm,3 de diamètre et était opale ; le quatrième, également opale, avait 40cm de diamètre. Les résultats obtenus pour ces différents globes avec des charbons ordinaires et des charbons à flamme ont été les suivants :

NATURE DU GLOBE	CHARBONS ORDINAIRES		CHARBONS A FLAMME	
	Int. lumin. moyenne sphérique	Absorption 0/0	Int. lum. moyenne sphérique	Absorption 0/0
Arc nu	428	»	890	»
Globe clair de 32,5cm	368	14,5	765	14,8
Globe légèrement opalescent de 27,5cm	364,5	15,5	684,5	23,8
Globe opale de 20,3cm	352	18,2	745	17,2
Globe opale de 40cm	313,5	26,8	614	31,7

L'absorption est donc toujours élevée quelle que soit la nature des charbons.

Action des réflecteurs. — Les réflecteurs peuvent être considérés comme des globes destinés à renvoyer la lumière dans une direction déterminée. Ils ont surtout pour but de ramener la lumière, par réflexion, vers le sol, où se trouvent le plus généralement les objets à éclairer.

Comme la quantité de lumière réfléchie par un corps n'est jamais égale à la quantité de lumière reçue à cause de l'absorption, on a intérêt à choisir le corps réfléchissant de telle façon que la perte par absorption soit la plus faible possible.

On sait qu'on appelle *pouvoir réflecteur* le rapport de la quantité de lumière réfléchie à la quantité de lumière incidente. Ce rapport varie avec la nature des corps et l'incidence ; ce sont les métaux polis qui ont le plus grand pouvoir réflecteur (0,92 pour l'argent). Cela signifie que si l'on représente par 1 la quantité de lumière émise par un rayon lumineux provenant d'une source lumineuse, une bougie, par exemple (fig. 6), la quantité de lumière reçue par l'œil d'un observateur placé sur le trajet du rayon réfléchi, après une seule réflexion sur un miroir d'argent, sera égale à 0,92.

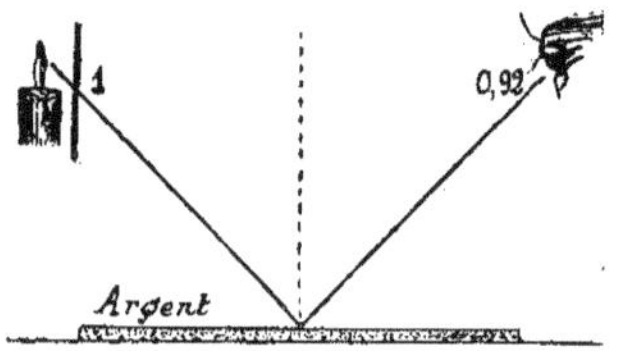

Fig. 6. — Expérience définissant le pouvoir réflecteur des corps.

Industriellement, la surface réfléchissante est généralement constituée par une couche de peinture blanche ou d'émail. Les lampes à arc destinées à l'éclairage des grands espaces sont très souvent munies de réflecteurs ainsi constitués ; leur forme, leurs dimensions, leur champ optique varient nécessairement avec la puissance de la lampe et sa hauteur au-dessus du sol, mais les meilleurs résultats sont toujours obtenus avec les dispositifs permettant de ne faire subir qu'une seule réflexion aux rayons émanant du point lumineux.

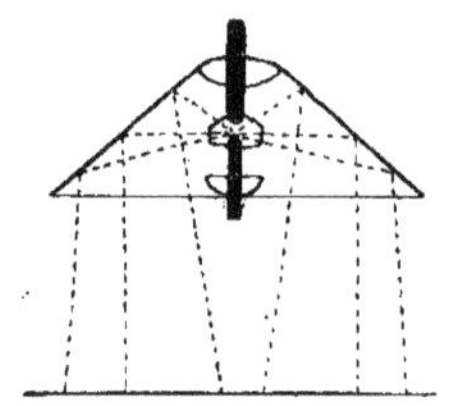
Fig. 7. — Réflecteur Siemens.

Le réflecteur Siemens (fig. 7) a la forme tronconique et 1^{m} ou 1^{m}, 30 de base ; sa surface réfléchissante est constituée par une toile tendue sur des cercles métalliques et peinte intérieurement au blanc de céruse. L'arc alternatif est entouré d'un anneau de verre et, au-dessous des charbons, se trouve un cendrier en fer émaillé et blanchi à l'intérieur.

La fig. 8 montre nettement l'influence favorable exercée par les réflecteurs dans le cas d'une lampe à arc à courant alternatif destinée à éclairer le sol et les objets qui s'y trouvent : la courbe intérieure *a* représente la répartition de la lumière sans emploi de réflecteur et la courbe extérieure *b* celle correspondant à l'emploi d'un réflecteur ayant la forme indiquée sur la figure. On voit clairement l'intérêt qu'il y a à utiliser des réflecteurs lorsque l'éclairage au-dessus de la lampe est inutile : le rendement de cette dernière et la répartition de la lumière en bénéficient d'autant.

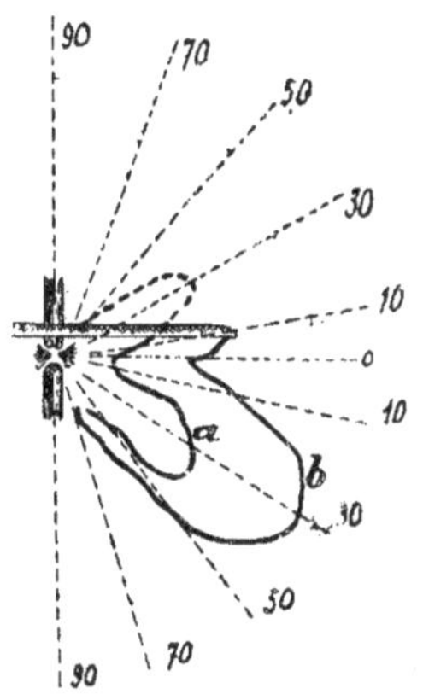

Fig. 8. — Répartition de la lumière d'une lampe à arc munie ou non d'un réflecteur.

Diffusion produite par les murs suivant leur couleur et leur nature. — La diffusion, ou réflexion irrégulière de la lumière, est la propriété que possèdent les rayons émanant d'une source lumineuse de pouvoir se réfléchir sur une surface différente de celle d'un miroir brillant. Le *pouvoir diffusif* est le rapport de la quantité de lumière diffusée à la quantité de lumière reçue ; il varie avec la nature du corps, son degré de poli, sa couleur et aussi avec l'incidence de la lumière.

Comme aucun corps ne diffuse entièrement la lumière, on a intérêt à choisir comme surfaces réfléchissantes celles dont le pouvoir absorbant est le plus faible. Si l'on représente par 1 le pouvoir absorbant d'un corps qui absorberait la totalité des rayons incidents, on peut attribuer aux différentes surfaces les coefficients suivants :

Velours noir	0,95
Teintes noires	0,85
Papier bleu	0,75
Murs peints en jaune foncé	0,70
Murs peints en jaune	0,60

Papiers peints clairs.	0,50
Papier buvard blanc.	0,20
Bois peint en blanc et verni	0,20
Surfaces métalliques, miroirs	0,15

Comme on le voit par ce tableau, les tentures sombres, telles que le velours, absorbent les 95/100 environ de la quantité de lumière qui leur parvient. Au contraire, les surfaces claires, de couleur blanc mat, réfléchissent la presque totalité des rayons incidents. Il est bien évident que le pouvoir absorbant ajouté au pouvoir réflecteur doit, pour un même corps, donner une quantité se rapprochant de l'unité.

Les avantages des tentures claires, des murs peints en blanc et brillants ressortent dès lors nettement de ce qui précède. Nous venons de voir, en effet, que les teintes blanches ont un très faible coefficient d'absorption, que les couleurs sombres, au contraire, telles que le velours noir, absorbent de 80 à 95 0/0 de la quantité de lumière qu'ils reçoivent d'un foyer. Si donc on représente par q la quantité totale de lumière fournie par un foyer lumineux O (fig 9) et par ρ le coefficient d'absorption du mur m considéré, la quantité de lumière fournie par l'ensemble des rayons O après une première réflexion en m sera :

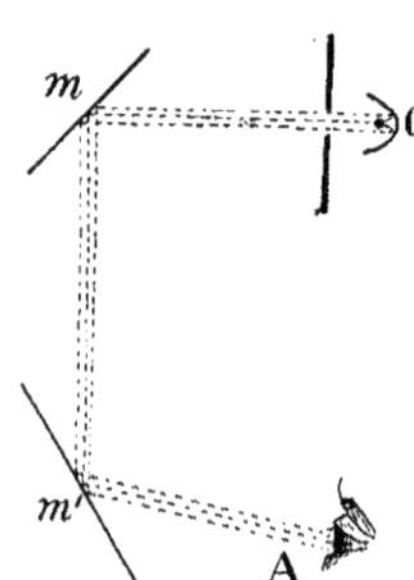

Fig. 9. — Influence du pouvoir absorbant des murs sur la quantité de lumière transmise par un foyer lumineux.

$$q' = q\ (1-\rho).$$

Après une seconde réflexion sur le mur m', elle sera :

$$q'' = q\ (1-\rho)^2,$$

et ainsi de suite.

Un objet placé en A et recevant tous les rayons émanant de O aura, après 2 réflexions, si $q = 100$ et si $\rho = 0,1$, une quantité de lumière définie par l'équation :

$$q'' = 100\ (1-0,1)^2 = 81/100 \text{ de } q.$$

Ces définitions étant précisées, appelons L (fig. 10) la quantité totale de lumière fournie par un foyer O et soit AB le plancher d'une pièce ayant la forme représentée par la figure. La lumière qui arrive sur cette surface AB a deux origines différentes :

1° Celle due aux rayons de O compris entre A et B et qui forment un cône lumineux ayant O pour sommet et AB pour diamètre de base, OA et OB étant les génératrices du solide fictif ainsi défini : c'est la lumière *directe* émanant de O ;

2° Celle due à la réflexion, à la diffusion des autres rayons provenant de O et qui n'arrivent sur AB qu'après s'être réfléchis sur les murs ou le plafond ACB : c'est la lumière *diffuse*.

La quantité de lumière reçue par AB est donc égale à la somme de la lumière directe émanant de O et de la lumière diffuse réfléchie par la surface ACB. Le choc des rayons tant sur AB que sur ACB ne se fait pas sans pertes, nous l'avons vu, c'est-à-dire sans absorption d'une partie de la lumière incidente. Or, les rayons réfléchis directement sur AB perdent une partie de leur intensité proportionnellement à $(1-\rho)$ et ceux réfléchis sur cette même surface après réflexion en ACB, proportionnellement à $(1-\rho)^2$, puisqu'ils subissent en AB leur seconde réflexion (1).

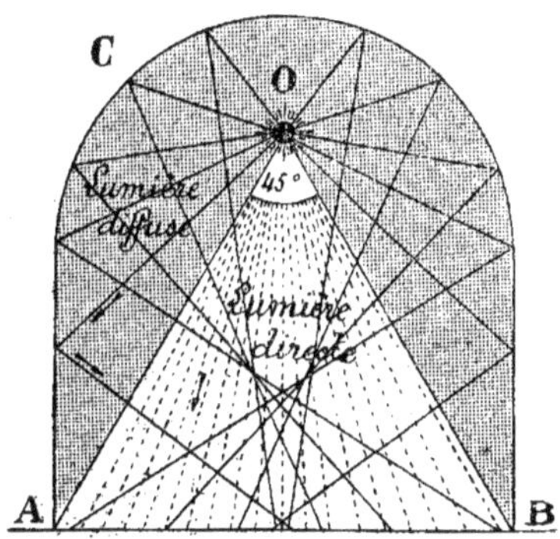

Fig. 10. — Influence de la hauteur du foyer et de la nature des parois sur la quantité de lumière transmise.

Il paraît donc dès lors possible de déterminer la quantité totale de lumière réfléchie par AB tant directement que par diffusion. Appelons :

L, la quantité totale de lumière fournie par le foyer O ;

l, la quantité de lumière arrivant directement sur AB ;

(1) On suppose que les rayons directs sont réfléchis une seule fois sur AB et les rayons indirects (ou diffus) deux fois (une fois sur ACB, une fois sur AB) et que les deux surfaces réfléchissantes ont le même coefficient d'absorption. On n'a pas tenu compte, pour ne pas compliquer les calculs, de l'absorption due à l'atmosphère : elle est cependant loin d'être négligeable dans la pratique.

l', la quantité de lumière arrivant sur cette même surface après réflexion sur le plafond ou sur les murs;

l'', la quantité de lumière perdue par absorption; et soit $\rho = 0{,}01$ le coefficient d'absorption des murs, du plafond et du plancher AB que nous supposerons être de même nature.

On doit naturellement avoir :

$$\mathrm{L} = l + l' + l''. \qquad (A)$$

Donnons à L la valeur 200 (200 bougies par exemple). Soit également $\alpha = 45°$ l'angle au sommet AOB du cône lumineux défini par AB et la distance qui sépare le point O de la base AB.

La valeur de l est donnée par l'équation :

$$l = \frac{200 \times \alpha}{360}\,(1-\rho).$$

Celle de l' est donnée par la suivante :

$$l' = \frac{200\,(360-\alpha)}{360}\,(1-\rho)^2.$$

On a donc :

$$l = \left(\frac{200 \times 45}{360}\right)(1-0{,}1) = 22{,}5 \text{ ou } 22{,}5/100 \text{ de L.}$$

$$\text{et } l' = \left(\frac{200 \times 315}{360}\right)(1-0{,}1)^2 = 141{,}75 \text{ ou } 141{,}75/100 \text{ de L.}$$

La valeur de l'', établie par l'équation (A), sera donc :

$$l'' = 200 - (22{,}5 + 141{,}75) = 35{,}75 \text{ ou } 35{,}75/100 \text{ de L.}$$

Ainsi, sur 200 bougies lumineuses fournies par le foyer O, 22,5 se réfléchiront directement sur AB et 141,75 par diffusion et réflexion; 35,75 bougies seront absorbées, c'est-à-dire perdues par suite du coefficient d'absorption des murs et du plafond.

Il est toutefois à remarquer que, malgré cette absorption, les murs et les plafonds augmentent la quantité de lumière reçue sur AB si on compare cette dernière à celle qu'elle recevrait dans le cas où les murs n'existeraient pas (lumière directe seulement).

L'augmentation de lumière due aux murs et au plafond est en effet égale à :

$$\frac{100\,(141{,}75 + 22{,}5)}{22{,}5} = 730\ 0/0.$$

Autrement dit, si l'on représente par 100 la quantité de lumière réfléchie directement par AB, elle devient égale à 730 par la réflexion due aux murs et au plafond, c'est-à-dire par la seule présence de ceux-ci.

La quantité de lumière produite par diffusion sur AB ou sur un objet placé à sa surface est donc d'autant plus grande par rapport à la lumière émise directement de O que ρ est plus petit. Quand un foyer est placé à une grande distance au-dessus du sol, l'emploi de murs blancs peut donc compenser la lumière perdue par le fait même de cette hauteur. Les résultats diffèrent naturellement avec la forme du plafond, la distance qui sépare le foyer des murs, etc. Le chiffre de 730 0/0 envisagé ici, fort élevé d'ailleurs, représente l'augmentation de lumière en prenant comme point de comparaison le cas d'un foyer dont tous les rayons non dirigés directement sur l'objet seraient perdus : ce serait le cas du foyer envisagé si, au lieu d'être dans une salle, il se trouvait en plein air dans la nuit, à une même distance du sol, celui-ci ayant le même pouvoir absorbant.

Quant au choix d'une lumière d'une couleur déterminée pour une application quelconque, on ne peut se rendre compte de son importance que si l'on connaît le caractère des surfaces à éclairer. On sait en effet qu'il est souvent très difficile de distinguer les valeurs du pouvoir éclairant de sources lumineuses ayant des teintes différentes : il suffit, pour s'en rendre compte, de regarder une étoffe jaune successivement avec la lumière violette d'un arc, la lumière verte d'un bec Auer, la lumière jaunâtre d'un bec de gaz ou la lumière rougeâtre d'une lampe à huile : la détermination de la couleur de l'étoffe est presque impossible. Il convient donc d'approprier la nature de l'illuminant à la teinte de la surface à éclairer pour obtenir des résultats qui soient conformes à la fois au bon goût, à la satisfaction de l'œil et au rendement des foyers fournissant la lumière.

L'acétylène présente, à ce point de vue, une qualité importante ; si on présente à sa flamme une échelle de couleur à saturation décroissante (échelle de Parniaud), on ne constate aucune altération : les différentes couleurs apparaissent avec leur nuance habituelle. La lumière de l'acétylène se rapproche donc très sensiblement de la lumière solaire.

TROISIÈME PARTIE

Avantages et inconvénients des différents systèmes d'éclairage au point de vue du mécanisme de réglage, de l'hygiène et de la sécurité.

Il ne suffit pas, pour s'éclairer, de posséder des foyers à haut rendement lumineux : il faut encore, et d'une façon essentielle, que les appareils qui les utilisent soient d'un réglage facile (mécanisme, allumage) et en même temps conformes aux lois de l'hygiène et de la sécurité. Il est donc utile d'envisager aussi ce côté de la question dont l'importance est très grande au point de vue industriel.

§ 1. — *Fonctionnement.*

Mécanisme de réglage. — Au point de vue du mécanisme, on peut dire que, par leur simplicité de fonctionnement, les premières lampes étaient beaucoup plus maniables que la plupart de celles qui ont été inventées dans ces derniers temps. Il n'y a rien à dire de spécial, à ce sujet, sur les lampes alimentées par des combustibles liquides, la hauteur de la mèche et par conséquent l'intensité de lumière étant réglées par une roue dentée et un pignon guidés par une clef à main.

Les lampes auto-incandescentes sont plus difficiles à régler aussi bien au point de vue de l'arrivée de l'air que de la pression du gaz au point lumineux. L'emploi de régulateurs aux usines mêmes de production est insuffisant, la pression dans les conduites subissant des fluctuations qui entraînent une modification dans le régime de fonctionnement des lampes. Les « rhéomètres » ont pour but de maintenir la pression constante quel que soit le débit ; il faut naturellement qu'au moment de la pose, ils soient en rapport.

comme taille et comme forme, avec la nature des brûleurs qui les utilisent.

Le gaz employé seul (bec manchester, bec papillon) ne présente aucun inconvénient comme réglage : la clef qui livre passage au fluide permet en effet de diminuer l'intensité de la lumière sans changer la pression et d'obtenir ainsi une lumière vive ou basse à volonté.

Avec l'électricité, les inconvénients sont nombreux, qu'il s'agisse de lampes à filament de carbone, de lampes à arc ou de lampes à vapeur de mercure. On ne connaît pas encore en effet de procédé pratique permettant de diminuer l'intensité lumineuse des lampes à incandescence sans nécessiter, en même temps, l'absorption par une résistance de l'énergie non utilisée sous forme lumineuse. Il en résulte alors de grandes pertes causées par une dépense inutile de courant. Dans les lampes à arc, la difficulté de réglage est encore plus grande : l'usure des charbons demande, en effet, sous peine d'amener rapidement l'extinction de l'arc, un mécanisme maintenant fixe le point lumineux et toujours identique à elle-même la distance séparant les deux pointes d'électrodes. On a bien imaginé, dans ces dernières années, des appareils supprimant tout dispositif de réglage et simplifiant ainsi le fonctionnement des lampes; mais les résultats jusqu'ici obtenus ne sont pas suffisants pour qu'on puisse espérer les voir passer prochainement dans la pratique. Quant aux lampes à vapeur de mercure, leur mise en marche est assez compliquée; leur lumière est à peu près fixe malgré cela pendant toute la durée du fonctionnement de la lampe.

Allumage. — Les *lampes à pétrole* demandent quelques précautions au moment de l'allumage : la mèche, une fois allumée, ne doit être soulevée que lentement afin que la dilatation de la cheminée soit progressive et la lumière plus régulière.

L'allumage des *becs de gaz* ordinaires destinés à l'éclairage public se fait généralement au moyen d'une petite lampe à huile de colza fixée à l'extrémité d'une perche; dans les becs à récupération, on a plus généralement recours à une veilleuse ou à un allumoir électrique. Dans les brûleurs à incandescence, on utilise, soit l'allumage à la rampe, soit l'allumage à la cuiller, soit encore l'allumage électrique. L'allumage à distance, qui réalise une grande économie en évitant une perte de temps, peut être effectué de plusieurs manières : on utilise parfois l'allumage par condensation des gaz, basé sur ce principe que le platine placé au contact de certains gaz devient rapidement incandescent ; il peut dès lors enflammer le jet gazeux dès que le robinet de conduite est ouvert. On emploie également des manchons auto-allumeurs dont le fonctionnement est parfait mais dont le prix de revient est, par contre, assez élevé.

Les *lampes à incandescence* présentent au point de vue de l'allumage un grand avantage sur tous les autres systèmes d'éclairage. En effet, la simple manipulation d'un bouton la mettant en circuit dès qu'elle doit être utilisée supprime toute perte de temps et, surtout, permet de ne dépenser le courant que pendant les heures d'utilisation. Les lampes à gaz, que celui-ci soit employé seul ou par incandescence, ne peuvent au contraire être éteintes et rallumées aussi vite : il en résulte une dépense inutile de combustible pendant les heures où elles ne sont pas employées. Cet inconvénient n'existe pas avec les lampes à incandescence.

Quant aux *lampes à arc,* leur mise en marche est toujours des plus délicate, quel que soit le système adopté ; l'écartement des charbons, leur remplacement par suite d'une usure trop prolongée, la vérification du mécanisme régulateur, l'emploi d'un rhéostat pour maintenir la différence de potentiel toujours à peu près constante entraînent une grande perte de temps au moment de l'allumage. Elles doivent de plus être nettoyées très souvent, car elles demandent une propreté parfaite. Le grand nombre de modèles de lampes à arc qui existent aujourd'hui suffit à montrer tous les efforts qui sont faits en vue de simplifier leur fonctionnement et leur mise en marche.

Fragilité. — Au point de vue de la fragilité, les lampes à gaz du système Auer sont les plus délicates ; la constitution même des manchons exige l'absence de chocs et même de simples trépidations sous peine de les mettre rapidement hors d'usage. C'est aussi en raison de cette fragilité qu'il faut avoir soin, au moment de l'allumage, d'éviter une projection trop forte du gaz sur le manchon. La commotion qui en résulte est généralement due à un léger mélange détonant de gaz et d'air : elle occasionne souvent la rupture du manchon. Il ne sera pas sans intérêt de donner quelques chiffres à ce sujet ; les statistiques tenues dans un service d'éclairage d'une ville assez importante, en vue de préciser la fréquence du remplacement des manchons, ont donné les résultats consignés dans le tableau suivant :

NATURE DES FOYERS	DÉBIT EN LITRES	NOMBRE DE MANCHONS remplacés annuellement par foyer
Auer n° 2.	115	5
Auer n° 2.	150	7
Saint-Paul	250	16
Denayrouze.	270	16
Bandsept	300	15

Ce remplacement des manchons entraine une grande dépense due non seulement au prix des manchons, mais aussi à la main-d'œuvre employée à ce travail. Pour obvier à ce double inconvénient, on a parfois recours et. à juste titre, à des « *antitrépidateurs* » ou appareils destinés à atténuer le plus possible les vibrations du sol produites par la circulation des véhicules. Il existe plusieurs modèles de ces appareils : les plus connus sont ceux à ressort à boudin et à lamelles.

Les lampes à incandescence sont surtout fragiles lorsqu'elles sont anciennes : le filament s'amincit, devient ainsi plus cassant et un simple petit choc peut suffire à le briser et à mettre par suite l'ampoule hors d'usage. Les lampes à filament métallique sont très imparfaites à ce point de vue ; on attribue leur fragilité au mode de fixation du filament. On a cependant constaté que la rupture de celui-ci se produit presque toujours aux points où il ne possède pas une assez grande liberté de mouvement. La rupture du filament, dans ces dernières lampes, a rarement lieu au sommet de la courbe dans les lampes neuves ou peu usagées ; par sa nature même, le filament métallique permet en effet de ressouder les parties cassées avec les parties saines voisines, ce qui leur assure une nouvelle période de durée. Cette remise en état n'est pas possible avec les filaments de charbon une fois leur rupture produite.

§ II. — *Hygiène et sécurité.*

Tous les systèmes d'éclairage ne s'équivalent pas au point de vue des effets plus ou moins pertubateurs qu'ils peuvent produire sur l'organisme. Les uns se signalent surtout par leur action sur la vue, les autres par les gaz toxiques qu'ils dégagent, d'autres enfin par la grande quantité de calories qu'ils produisent. Avant de fixer son choix sur un système d'éclairage et de l'approprier à une application déterminée, il convient donc de connaître les avantages et les inconvénients qu'il présente au point de vue de l'hygiène.

Action sur la vue. — L'action exercée par les lampes sur la vue est différente suivant la nature et l'intensité lumineuse du foyer éclairant. D'après Staerkle, les sources lumineuses seraient d'autant plus nuisibles pour l'œil qu'elles sont plus riches en rayons de courte longueur d'onde. L'inconvénient des sources lumineuses intenses est de congestionner l'œil, mais on peut y remédier aisément par l'emploi de verres épais ou teintés de gris, de bleu ou de vert, couleurs qui ne diminuent pas sensiblement le pouvoir éclairant des foyers lumineux et qui en absorbent les rayons nocifs.

Certaines lampes présentent un autre inconvénient : celui de donner une lumière saccadée et irrégulière ; la lampe à arc est dans ce cas ; les fluctuations de lumière auxquelles donne lieu son mécanisme de réglage sont très fatigantes pour les yeux. On n'a donc intérêt à les employer que dans les grands espaces, où la répartition de la lumière n'exige pas une immobilité complète du point lumineux.

Dans les pièces où l'on travaille continuellement, on doit employer, de préférence à tout autre dispositif d'éclairage, celui qui donne une lumière diffuse, le foyer éclairant étant invisible. La plupart des procédés actuels d'éclairage, la lumière électrique, l'acétylène, le gaz, se prêtent du reste fort heureusement à cette adaptation et les appareils diffuseurs employés dans l'industrie sont assez nombreux ; la plupart présentent cependant l'inconvénient d'absorber une forte proportion de la lumière produite et d'engendrer ainsi une consommation importante de combustible. Parmi ceux qui semblent, à l'heure actuelle, résoudre le mieux la question tant au point de vue économique qu'hygiénique, nous citerons le diffuseur Morand (fig. 11). Il se compose d'un cône renversé et opaque occupant la partie supérieure de l'appareil et recouvert extérieurement d'une couche épaisse de peinture mate et blanche. Au-dessous de ce cône, se trouve un vasque de forme aplatie et translucide renfermant le foyer éclairant. La lumière produite est ainsi en partie transmise à travers le vasque et en partie réfléchie sur le cône supérieur qui, à son tour, renvoie les rayons lumineux sur le sol et les murs.

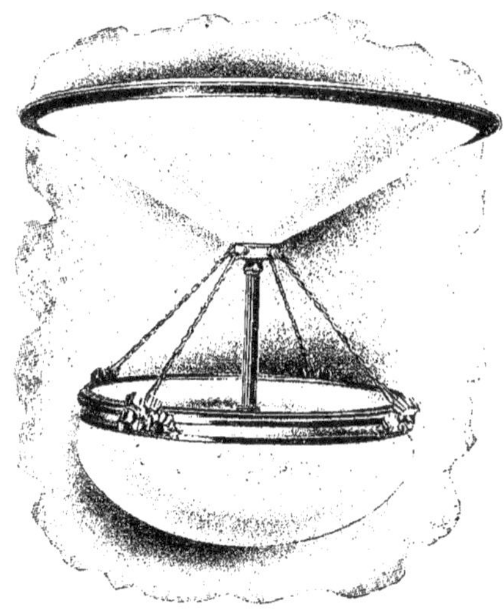

Fig. 11. — Diffuseur Morand.

Lorsque le foyer lumineux est constitué par des lampes électriques, celles-ci doivent être disposées de façon que leur axe soit parallèle à un plan tangent au cône. Cette particularité a pour but d'obtenir un rendement lumineux maximum, car ainsi qu'il est facile de le vérifier, les lampes électriques et en particulier celles à filament métallique, éclairent surtout par leur surface latérale par suite de la disposition du filament dans l'ampoule.

L'appareil peut être suspendu à une distance quelconque au-dessus du sol : il constitue une grande surface lumineuse dont l'effet est de produire un éclairage d'une extrême diffusion et comparable, jusqu'à un certain point, à la lumière du jour : les couleurs ne sont nullement modifiées, les ombres portées sont très douces et les murs sont éclairés aussi bien que le sol et les tables de travail.

L'emploi de ces diffuseurs semble donc surtout précieux dans les ateliers, les bureaux, les salles de dessin, le foyer n'éblouissant pas la vue tout en la satisfaisant et les rayons pénétrant jusque dans les coins les plus cachés. Il supprime l'emploi des lampes dites « balladeuses » ou à hauteur variable et évite ainsi des pertes de temps et des manœuvres inutiles.

Malgré sa teinte disgracieuse, la lampe Cooper-Hewitt à vapeur de mercure résout également la question d'une façon très avantageuse. Extrêmement diffuse quoique intense, la lumière qu'elle produit est à la fois hygiénique, économique et pratique. Beaucoup d'ateliers en sont du reste actuellement munis.

Chaleur dégagée. — Les inconvénients qui tiennent à la chaleur produite par les lampes ne sont pas moindres que les précédents. Si l'on compare les différentes sources de lumière à ce point de vue, on peut les ranger dans l'ordre suivant, les chiffres indiqués représentant les calories dégagées pendant une heure avec un éclairage moyen de 100 bougies :

Arc électrique	100 cal.
Lampe à incandescence . . .	350 —
Bec Auer	1800 —
Acétylène	3000 —
Lampe à pétrole	3300 —
Lampe à l'huile	4200 —
100 bougies	8000 —

La lumière électrique tient donc le premier rang. Pour remédier au défaut des autres illuminants, il faut faire usage de réflecteurs qui, sans amoindrir considérablement la lumière, la diffusent et la répartissent plus uniformément. Ces réflecteurs peuvent être disposés au-dessous du foyer : ils renvoient la lumière sur le plafond et ensuite, par réflexion double, sur le sol ou les objets à éclairer. On évite aussi la congestion du cerveau et des yeux sans affaiblissement sensible de la quantité de lumière fournie par les lampes. L'éclairage par réflexion présente surtout un avantage marqué dans les salles de travail, les classes d'élèves où l'air s'échauffe rapidement et où les foyers éclairants sont toujours en nombre. L'impression de repos qu'il donne pour les yeux, l'absence d'échauffement local et l'uniformité de lumière qu'il engendre le rendent d'un emploi tout à fait pratique au point de vue de l'hygiène de la vue.

Toxicité. — L'action exercée sur la respiration est surtout marquée avec les combustibles gazeux qui pénètrent rapidement dans l'organisme et entraînent avec eux les produits de leur combustion ou les composés toxiques qu'ils peuvent renfermer.

La lampe électrique à incandescence est la seule qui soit parfaite à cet égard ; aucun gaz ne se dégage pendant son fonctionnement : elle peut donc être employée sans danger dans les locaux cubant un faible volume d'air. Les autres systèmes d'éclairage, étudiés comparativement, peuvent être classés de la façon suivante par rapport à la quantité d'anhydride carbonique CO^2, exprimée en litres, qu'ils dégagent par carcel-heure :

Bougie	90 litres.
Gaz (bec papillon)	80 —
Gaz (bec à couronne)	58 —
Lampe à l'huile	56 —
Lampe à pétrole	44 —
Acétylène	14 —
Gaz (manchon incandescent). .	7 —
Alcool (manchon incandescent) .	10 —

Voici, d'un autre côté, les chiffres résultant d'un essai effectué dans une pièce close, habitée par un seul individu. L'expérience était établie de façon qu'un ventilateur produisant un courant d'air continu pût maintenir la proportion d'acide carbonique à 7 pour 10.000.

Des échantillons d'air prélevés à des intervalles réguliers ont fourni les résultats suivants :

Acide carbonique sur 10.000 parties d'air	7
Acide carbonique après une heure d'allumage d'un bec de gaz	11
Acide carbonique après deux heures d'allumage d'un bec de gaz.	11

La quantité d'acide carbonique contenue dans l'air extérieur était de 4,5.

Dans une pièce bien ventilée, la présence d'un homme n'augmente que de 2,5 environ la proportion d'acide carbonique, alors que celle d'un seul bec de gaz augmente cette proportion de 4 parties environ.

Mais l'acide carbonique n'est pas le seul composé nuisible des combustibles éclairants. D'autres corps, éminemment toxiques, l'accompagnent à l'état de mélange dans un certain nombre de gaz, en particulier dans le gaz de houille et le gaz à l'eau. En volume, 100 parties de gaz de houille contiennent les composés suivants :

Hydrogène	47 %
Méthane	34
Oxyde de carbone	9
Benzol	1,2
Ethylène	3.8
Acide carbonique	2.5
Azote	2,5

La grande proportion d'oxyde de carbone que renferme le gaz est la source principale de ses propriétés toxiques. Une atmosphère qui en contient une quantité importante détermine rapidement l'asphyxie. Comme il consomme de plus, en brûlant, 6 fois environ son volume d'air, il est nécessaire d'aérer fréquemment les salles où brûlent plusieurs becs de gaz : on a calculé en effet qu'un bec ordinaire consomme presque autant d'oxygène que 10 personnes adultes pendant le même temps.

Le grand danger du gaz de houille est de produire une intoxication lente. Il suffit de 0,002 0/0 d'oxyde de carbone pour rendre une atmosphère toxique.

L'absorption répétée et souvent continue de doses *infinitésimales* d'oxyde de carbone produit, plus ou moins rapidement, suivant la résistance des individus, au bout de quelques semaines ou de quelques mois une véritable accumulation de gaz dans le sang. Le sujet, habitué à vivre dans les conditions où se produit l'intoxication ne s'en doute malheureusement pas ; peu à peu il ressent cependant des maux de tête, des nausées passagères dont il ne découvre que rarement la cause première : c'est l'oxyde de carbone provenant d'un tuyau de gaz mal conditionné ou d'un récipient mal fermé qui a occasionné cette intoxication lente.

Le gaz à l'eau est encore plus vénéneux que le gaz de houille. Aussi, comme son emploi serait très dangereux si on l'utilisait pur, on l'additionne presque toujours de 30 0/0 environ de gaz de houille. Malgré ce mélange, le produit définitif renferme encore de 15 à 20 0/0 d'oxyde de carbone. Comme il ne possède qu'une faible odeur, on l'additionne souvent aussi de carbilamine qui permet de déceler les fuites si celles-ci venaient à se produire. Le gaz de houille a au contraire une odeur très forte : elle est due à la présence de certains carbures.

L'acétylène est moins toxique que le gaz de houille. Il faut en effet atteindre 40 0/0 d'acétylène dans l'air pour occasionner la mort d'un chien tandis que 0,5 0/0 d'oxyde de carbone suffit. L'élimination de l'acétylène du sang se fait du reste assez rapidement.

Les lampes à arc dégagent de faibles quantités d'oxyde de carbone dues à la combustion des charbons au contact de l'air. Les arcs en vase clos sont, à ce point de vue, préférables aux arcs à air libre, car la première portion de gaz formée joue le rôle de corps neutre vis-à-vis des charbons : la combustion de ceux-ci est alors considérablement réduite de même que leur usure ; il en résulte donc à la fois une économie et un avantage hygiénique. L'emploi des arcs à air libre demande au contraire une ventilation énergique des salles éclairées, surtout si elles sont de petites dimensions.

Quant à l'odeur et à certaines propriétés particulières (suintement, taches graisseuses, etc) que possèdent de nombreux corps éclairants, elles doivent aussi entrer en ligne de compte dans l'adaptation d'un système d'éclairage à une application déterminée. L'huile tache les étoffes, le bois et la plupart des objets au contact desquels elle reste même pendant un temps très court. Le pétrole a la propriété de suinter le long des récipients qui le renferment et d'avoir une odeur et un toucher désagréables ; certains gaz ont également une odeur qui gêne beaucoup les personnes qui les respirent. Au contraire, l'éclairage électrique se signale par l'absence complète de tous ces défauts quels que soient les appareils qui le fournissent et les dispositifs employés.

Inflammabilité et explosibilité. — Tous les corps éclairants ne sont pas également inflammables. Les plus dangereux à ce point de vue, parmi les combustibles liquides, sont ceux dont la tension de volatilisation est élevée même à la température ordinaire : c'est pourquoi l'essence minérale, en particulier, demande de si grandes précautions pendant le chargement des apparails qui l'utilisent à l'état liquide ou sous la forme gazeuse. Le pétrole est plus maniable que l'essence, mais il exige certains soins au moment du remplissage des lampes : le réservoir doit être rempli complètement, sinon il reste au-dessus du liquide une chambre où les vapeurs peuvent s'enflammer et faire explosion ; c'est pour éviter ce danger qu'on munit souvent les lampes à pétrole d'un réservoir intermédiaire ou d'une toile métallique qui leur assurent une plus grande sécurité.

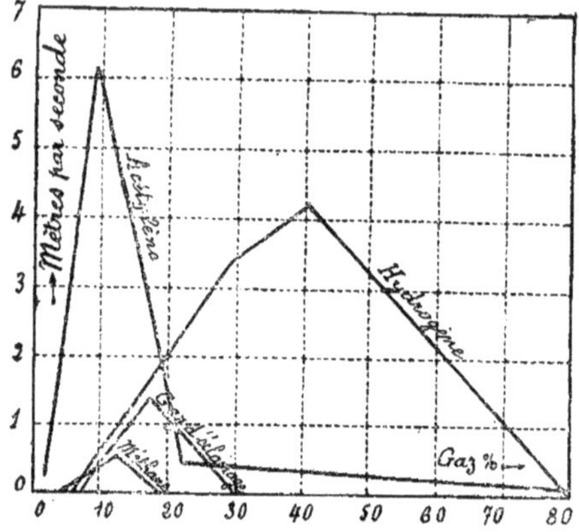

Fig. 12. — Vitesse d'inflammation de quelques gaz en présence de l'air.

La plupart des gaz permanents forment avec l'air des mélanges détonants ; le tableau ci-dessous donne, pour les plus connus, les limites inférieures et supérieures d'explosion, exprimées en pour cent dans l'air, du volume du gaz considéré :

	Limite inférieure.	Limite supérieure.
Benzol	2,6	6,3
Acétylène	3,8	40,0
Gaz d'éclairage	8,0	28,0
Hydrogène	9,5	66,3
Oxyde de carbone	17,3	74,8
Gaz d'air	12,5	66,5

D'après M. Le Chatelier, le mélange explosif, pour l'acétylène, serait compris entre 3 °/₀ et 65 °/₀ de ce gaz. D'après Bunte, ce serait entre 3 et 72 °/₀. D'après M. Gréhant, le mélange est explosif au maximum pour 10 °/₀ d'acétylène et 90 °/₀ d'air. Malgré la petite divergence de ces résultats, l'acétylène peut être comparé, au point de vue de son explosibilité au contact de l'air et d'une flamme, au gaz d'éclairage ordinaire : ses limites d'explosibilité sont en effet aussi étendues que celles de ce dernier corps.

Le graphique ci-joint (fig. 13) indique les puissances maxima d'explosion, celles-ci correspondant aux traits les plus noirs. Au delà de 25 % d'acétylène, les mélanges seraient ainsi inexplosibles.

Le gaz à l'air est très dangereux. Du fait qu'il est mélangé à de l'oxygène, il peut faire courir des risques d'explosion si la carburation est incomplète. D'après MM. Galine et Saint-Paul, les accidents ont souvent lieu au moment où l'on ajoute le liquide; la gazoline et l'essence émettant des vapeurs à la température ordinaire, elles s'enflamment facilement. Il est donc indispensable, avec ce système d'éclairage, de prendre de grandes précautions. Ajoutons que bien peu des appareils actuellement fabriqués assurent une sécurité complète à cet égard.

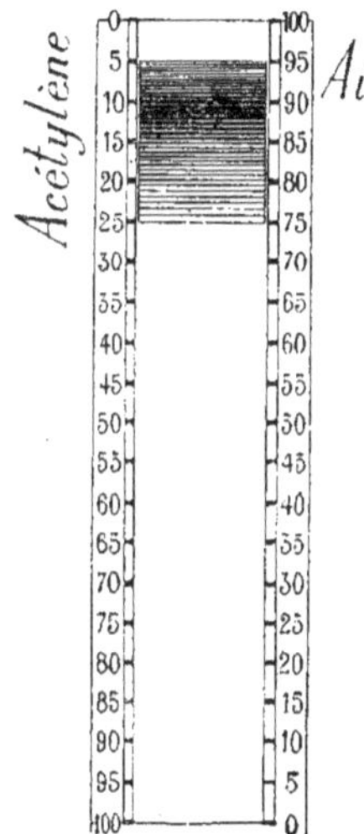

Fig. 13. — Graphique montrant les puissances explosives maxima de l'acétylène.

L'éclairage électrique est encore exempt de ces inconvénients : les rares explosions des lampes ne sont dues qu'à un défaut de fabrication ou à des surtensions imprévues. Il est bien évident qu'en cas de choc, les ampoules électriques peuvent voler en éclats par la rentrée subite de l'air et occasionner parfois de légers accidents, mais ces cas sont très rares et, en général, sans importance. L'éclatement des ampoules peut se produire aussi par une trop faible distance entre le filament et la paroi de la lampe : au moment de la fermeture du courant, le fil rougit et, au contact du verre, provoque sa rupture par échauffement brusque et dilatation inégale.

Quant à la vitesse d'inflammation des gaz éclairants mélangés d'air, elle varie avec la nature du gaz, la proportion d'air qu'il renferme et aussi avec le diamètre des tubes. En règle générale, les vitesses croissent avec le diamètre.

La fig. 12 permet de se rendre compte de ces vitesses pour différents gaz.

Il convient toutefois de remarquer que les corps les plus dangereux ne sont pas ceux qui, entre certaines limites acquièrent la plus grande vitesse, mais ceux dont les vitesses diminuent peu avec le pourcentage de gaz. Ainsi, la vitesse d'inflammation d'un mélange d'acétylène et d'air, qui atteint son maximum pour 9 % environ du premier gaz, décroît rapidement lorsque la proportion d'acétylène augmente. Les dangers d'inflammation de ce gaz sont donc resserrées entre des limites très étroites. Au contraire, l'hydrogène serait bien plus dangereux à ce point de vue, les limites de sa vitesse d'inflammation au contact de l'air étant beaucoup plus étendues.

QUATRIÈME PARTIE

Exigences particulières des différentes catégories d'installations.

§ I. — *Installations intérieures.*

Locaux industriels. — *Magasins.* — *Ateliers.* — L'éclairage des locaux industriels ou commerciaux est différent suivant qu'il s'agit de pièces destinées à recevoir la clientèle ou de magasins de dépôt et d'approvisionnement. L'attraction du public à grande distance doit avoir lieu par des oppositions très nettes d'éclairage : l'électricité et l'acétylène semblent seules résoudre la question. Les lampes à arc de grande intensité, celles à vapeur de mercure, qui ont un grand rendement lumineux et une coloration spéciale, les ampoules à filament métallique qui produisent un éclairage intense. les globes diversement teintés donnent généralement de bons résultats, bien que, leur installation entraîne des frais élevés. Nous devons ajouter que pour les devantures, il convient de disposer les lampes de telle façon que seuls les objets qui s'y trouvent soient éclairés. Un commerçant ne gagne rien à éclairer la rue ; au contraire, en concentrant l'éclairage à la devanture, il fait ressortir davantage les objets exposés et attire les regards. A titre d'indication générale, nous donnons ci-dessous quelques chiffres correspondant à l'éclairage des locaux commerciaux :

Salle de vente sans devanture . . .	de 4 à 7 boug.	par mètre carré	
Comptoirs et magasins.	de 2 à 2,5	—	—
Devantures et étalages.	de 50 à 100	—	—
Locaux accessoires	de 1 à 2	—	—

Dans les ateliers et usines, l'éclairage au gaz ou à l'acétylène peut être employé aussi bien que l'électricité pourvu que la lumière soit suffisamment diffusée par des globes ou des réflecteurs. On ne doit faire usage de lumière directe que pour l'éclairage d'objets ou d'appareils bien déterminés comme : métier à coudre, machine à percer, etc. Les chiffres ci-après renseigneront à cet égard pour quelques cas particuliers relatifs à l'emploi, soit du gaz, soit de l'électricité par incandescence :

Ateliers mécaniques : 1 foyer à incandescence par machine en plus de l'éclairage général ;
Ateliers de tissage : 4 à 8 bougies par métier ou 1 à 2 bougies par mètre carré ;
Filatures : 0,6 à 1 bougie par mètre carré (métier) et 0,25 à 0,50 bougie pour les autres locaux ;
Moulins : 0,3 à 1 bougie par mètre carré.

Avec des lampes à arc de 10 à 12 ampères, la répartition serait la suivante :

Ateliers d'ajustage et de montage : 1 foyer par 500 mètres carrés, soit 0,8 à 1,6 bougie par mètre carré ;
Ateliers de tissage, filatures, imprimeries : 1 foyer par 200 mètres carrés, soit 4 à 8 bougies par mètre carré ;
Halls d'usines : 2 à 3 bougies par mètre carré ;
Cours d'usines : 1 à 2,5 bougie par mètre carré.

Pour éviter la rupture des ampoules par le choc des pierres ou la grêle, on peut, dans les passages découverts, les enfermer hermétiquement dans des globes de verre. On doit agir de la même façon pour garantir les parties métalliques des lampes de toute oxydation, en particulier lorsque l'éclairage a lieu dans des salles où circulent des vapeurs acides. On évite ainsi les courts-circuits et la détérioration des supports.

Dans les teintureries, où la couleur bleuâtre des rayons de l'arc électrique peut présenter des inconvénients, on doit donner aux plafonds une teinte légèrement jaunâtre qui atténue ce défaut en modifiant la coloration de la flamme.

La lampe Uviol à vapeur de mercure a été utilisée, dans ces mêmes établissements, pour rechercher si certains produits colorants employés pour la teinture des étoffes ou pour l'encre à imprimerie offraient une résistance suffisante à l'action des rayons solaires. Comme ce sont surtout les rayons ultra-violets du spectre qui provoquent cette action et que la lampe à mercure en contient beaucoup, il est facile de l'utiliser pour étudier aux usines mêmes de fabrication la qualité et la résistance des couleurs employées.

Bureaux. — Appartements. — Dans les bureaux, la répartition de la lumière peut être faite de la manière suivante, suivant l'importance des locaux envisagés :

Bureau principal	de 5 à 6 bougies par mètre carré.		
Bureaux secondaires	de 2 à 2,5	—	—
Salles pour le personnel.	de 1,3 à 3	—	—

Dans les salles d'études, de dessin, on doit préférer la lumière diffuse à toute autre. Le rendement lumineux des foyers est plus faible qu'avec la lumière directe, mais l'uniformité de l'éclairage ne fait qu'y gagner. Le bec Auer, l'arc électrique, la lampe à incandescence, l'acétylène s'équivalent alors au point de vue de l'hygiène si le réflecteur est placé au-dessous du foyer, de manière à envoyer sur le plafond tous les rayons qu'il émet par réflexion.

Dans les appartements, on peut tolérer de grandes différences d'éclairage suivant les pièces. Il est bien évident qu'un salon, qui est surtout destiné à recevoir des invités ou à faire des réunions, doit posséder un éclairage intense. D'un autre coté, une salle à manger, qui ne parait pas nécessiter les mêmes exigences, demande, en raison de la teinte généralement sombre des meubles qui la composent, un nombre de lampes suffisant. Le tableau ci-dessous donnera quelques indications à cet égard :

Salons	de 4 à 5 bougies par mètre carré.		
Salles à manger	de 3 à 3,5	—	—
Chambres à coucher	de 1,5 à 2	—	—
Locaux accessoires, dépendances. .	de 1 à 2	—	—

En prenant comme unité lumineuse des foyers de 20 bougies.

on pourra fixer de la façon suivante le nombre de lampes à utiliser suivant les dimensions des pièces :

DIMENSIONS DU LOCAL		NOMBRE DE FOYERS	HAUTEUR DES FOYERS au-dessus du plancher
Long^{r}=Largeur	Hauteur		
m. 4,70	m. 3,80	3	m. 2.10
5.60	4,40	5	2,25
7,50	5,30	10	2,65
12,50	9,40	27	3,60
18,80	14,00	65	5,10

Dans les habitations réservées au personnel de direction la répartition sera la suivante :

Salons, salles à manger . . . . . . de 5 à 7 bougies par mètre carré.
Chambres élégantes . . . . de 3 à 4 — —
Chambres modestes . . . . de 2 à 3 — —
Corridors, vestibules, annexes. . . de 1 à 1,5 — —

Dans les réfectoires, les grands locaux commerciaux, les salles de réunion, on adoptera une puissance lumineuse de 4 à 8 bougies par mètre carré suivant l'importance des pièces. Dans les salles de jeux, on emploie souvent un éclairage mixte, par exemple des lampes à pétrole et des ampoules électriques, les deux sortes de foyers fonctionnant simultanément ; le but de cet éclairage est d'empêcher les vols pouvant être commis lors d'une extinction subite de la lumière.

§ II. — *Installations extérieures ou spéciales.*

Voies publiques. — L'éclairage public des rues et des places se fait généralement à l'acétylène, au gaz ou à l'électricité. Dans l'emploi de l'électricité, le choix à faire entre l'incandescence et les arcs est uniquement subordonné aux conditions locales de fourniture et d'utilisation pratique du courant. Les rues où la circulation est active, comme le sont les principales artères des grandes villes, demandent un éclairage intense ; au contraire, les passages peu fréquentés se suffisent par quelques lampes.

La répartition des foyers dans l'éclairage public peut être effectuée de quatre façons différentes : 1° en ligne droite, les lampes étant disposées au milieu de la chaussée ; 2° parallèlement, les foyers formant deux lignes dont les points lumineux sont disposés alternativement d'un trottoir à l'autre ; 3° en vis-à-vis, les foyers étant en face les uns des autres sur deux trottoirs opposés : 4° en quinconce, les foyers étant à la fois sur la chaussée et sur les trottoirs. La quantité de lumière projetée sur les différents points du sol varie naturellement avec le dispositif adopté, mais elle peut être facilement calculée. Quant à la hauteur à donner aux

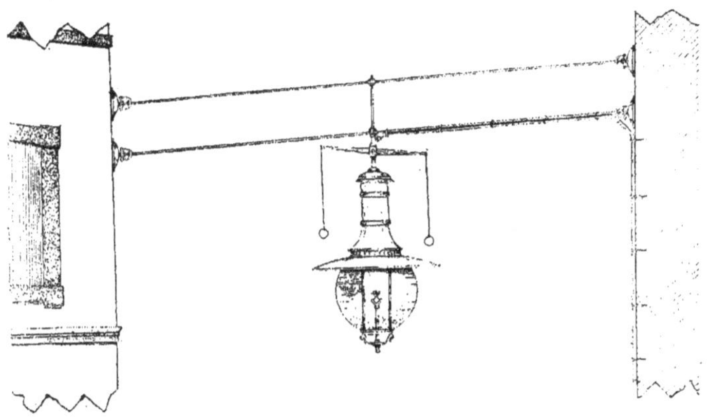

Fig. 14. — Lampe à acétylène pour l'éclairage en plein air.

foyers électriques (lampes à arc) au-dessus du sol, elle doit être comprise entre 6 et 8 mètres. On dépasse rarement 10 mètres, même dans les installations provisoires à éclairage intense (lampes-phares).

L'emploi de l'acétylène est particulièrement précieux dans les centres éloignés des grandes distributions d'énergie électrique. Les branchements, abrités le mieux possible, arrivent le long des murs les plus rapprochés des foyers et ceux-ci sont disposés suivant l'axe de la voie à éclairer, un peu comme des lampes à arc (fig. 14). Pour fixer la lampe, on tend entre deux murs ou deux pilônes, deux câbles d'acier parallèles et reliés entre eux par une tringle fixée elle-même à la lanterne. Le tuyau d'amenée du gaz vient directement alimenter la lampe en longeant le câble inférieur auquel il est fixé par quelques crochets. L'allumage est facilité par l'adjonction à la lampe d'un système de chaînettes et d'anneaux qui permettent d'ouvrir ou de fermer le bec à volonté.

L'éclairage des usines et dépendances au moyen de l'acétylène a été étudié dans ces dernières années avec méthode et les résultats

Fig. 15. — Vue d'ensemble d'une installation complète pour la production industrielle de l'acétylène.

intéressants auxquels il a conduit lui assurent une grande extension pour un avenir prochain.

Un grand nombre d'appareils fonctionnent du reste actuellement avec une sécurité parfaite (1). La fig. 15 représente une vue d'ensemble d'une usine de production d'acétylène, d'après les procédés Keller et Knappick pour l'éclairage des grands centres usiniers et

(1) V. *Annuaire international de l'Acétylène*, par Granjon et Rosenberg. Paris, 1909.

manufacturiers. Il serait facile de se rendre compte, par comparaison avec les usines actuelles de fabrication du gaz de houille, que pour une production sensiblement égale, une installation de gaz acétylène exige un emplacement beaucoup plus restreint que celui nécessaire à la production et à la purification du gaz ordinaire.

Travaux souterrains. — Les travaux souterrains étant de nature très variée, ils n'exigent pas tous la même intensité de lumière par unité de surface ni le même procédé d'éclairage. Dans les mines de houille, où le grisou menace sans cesse la vie du travailleur, on fait usage de « lampes de sûreté » dont la plus ancienne et la plus simple est celle de Davy. Elle est basée sur ce fait qu'un treillis métallique au-dessous duquel brûle une flamme s'oppose au passage de celle-ci à travers son épaisseur : la chaleur de la flamme est en effet entièrement employée à échauffer le métal et devient dès lors incapable d'enflammer un gaz ou une vapeur formant un mélange détonant avec l'air. La lampe de Davy se compose d'un récipient à huile muni d'une mèche, l'ensemble étant enfermé dans une boîte cylindrique en treillis métallique. On l'emploie aujourd'hui dans les mines, légèrement modifiée et rendue plus pratique. En effet, sa faible lumière est insuffisante, dans la plupart des cas, pour travailler dans une galerie complètement obscure ; d'un autre côté, il est souvent arrivé, tant par maladresse que par inattention, que des mineurs ont enflammé le grisou en ouvrant subitement leur lampe allumée. Dans le modèle de Marsaut, la fermeture est automatique, de sorte que la lampe ne peut s'ouvrir, une fois mise en service, que par des dispositifs spéciaux ; dans certaines lampes, la flamme s'éteint d'elle-même dès qu'on tente de les ouvrir.

Aujourd'hui, on emploie, de préférence à l'huile, une essence de pétrole spéciale dont le pouvoir éclairant est supérieur à celui de l'huile : la lampe de mine à essence donne en effet 0,60 bougie alors que l'huile n'en donne que 0,40 ; cette dernière est du reste d'un entretien plus difficile, et sa malpropreté, difficile à combattre, semble restreindre son emploi.

L'usage des lampes à flamme avec treillis métallique permet de reconnaître les mines grisouteuses : celles-ci ont en effet la propriété de colorer la flamme d'une certaine façon et qu'il est facile d'apprécier. Ainsi, avec 4 0/0 de grisou, la flamme s'entoure d'une auréole blanchâtre en même temps qu'elle s'allonge ; avec 6 0/0, elle devient très longue ; avec 13 0/0 environ, l'explosion se produit à l'intérieur de la lampe et, avec 30 0/0, elle s'éteint. C'est pour cette raison que l'emploi des ampoules électriques semble peu intéressant, à l'heure actuelle, dans les galeries de mines de houille : elles ne donnent aucune indication sur la présence du grisou et, de plus, la rupture accidentelle du verre peut suffire à amener l'explosion.

Dans les mines métalliques ou les carrières souterraines, il n'en est pas de même et les lampes à incandescence peuvent y être avantageusement utilisées. Leur emploi se recommande particulièrement lorsque les machines d'extraction sont mues par l'électricité. Dans les petites exploitations, on se contente cependant encore souvent de lampes à huile tenues à la main par une sorte d'étrier de forme spéciale et pouvant également être posées à terre pendant le travail ; elles possèdent dans ce but une base plate.

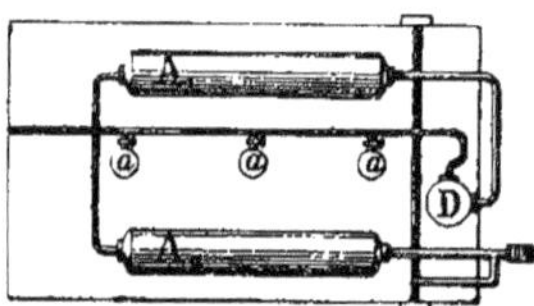

Fig. 16. — Eclairage des voitures de chemins de fer.

Matériel roulant. — Quel que soit le mode de traction employé pour la marche des trains, tous les systèmes d'éclairage peuvent être utilisés : lampes à huile, pétrole, gaz portatif, acétylène, ampoules électriques, lampes à filaments métalliques. En particulier, il paraît indispensable, dans le cas de la traction électrique, de munir chaque voiture d'une lampe à huile ou à pétrole capable d'assurer l'éclairage en cas d'arrêt subit de la voiture par défaut de courant.

Quelques Compagnies de chemins de fer emploient les lampes à huile à fond plat pour l'éclairage des wagons. Le réservoir a la forme d'un anneau et il est disposé au-dessus du bec ; l'huile arrive à ce dernier par deux branches coudées. Le tout est renfermé dans une lanterne avec coupe en verre à la partie inférieure.

L'éclairage des voitures de chemins de fer au moyen du gaz d'huile comprimé s'est beaucoup généralisé dans ces derniers temps. Les réservoirs de gaz sont placés au commencement et à l'extrémité des trains dans les fourgons de tête et de queue, le gaz y étant à la pression de 10 atmosphères. Toutes les voitures sont reliées par une canalisation aboutissant à ces fourgons. Chaque voiture est muni d'un robinet, ce qui permet d'en isoler une quelconque du train sans interrompre pour cela l'éclairage des autres voitures. Certaines compagnies préfèrent cependant munir chaque wagon de réservoirs particuliers ; le gaz y étant comprimé à 6 ou 7 kg., il est indispensable de faire usage de détendeurs de pression pour que celle-ci ait la valeur voulue dans les foyers d'utilisation. La figure 16 montre un dispositif destiné à cet usage : les réservoirs de gaz A_1 et A_2 communiquent avec la conduite des brûleurs *a* : le détendeur est placé entre les deux appareils, chaque lampe étant en outre munie d'un robinet qui la rend indépendante des autres.

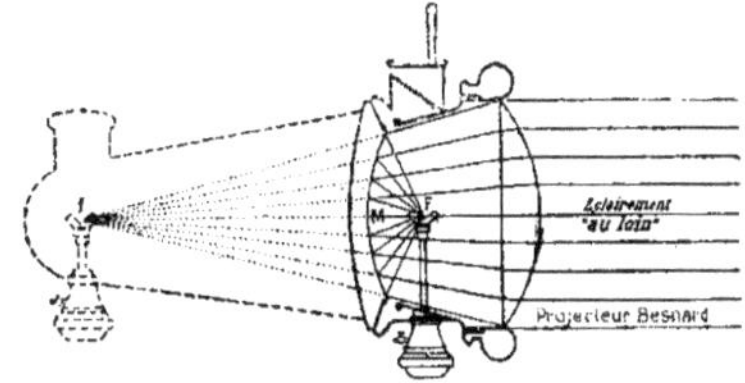

Fig. 17. — Lampe-phare à acétylène : rayons parallèles pour l'éclairage au loin.

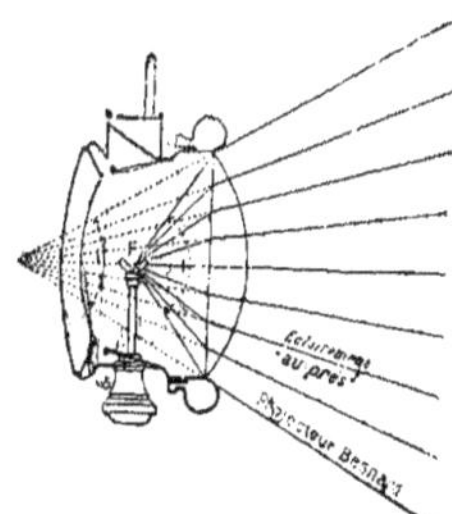

Fig. 18. — Lampe-phare à acétylène : faisceau divergent pour grande intensité lumineuse.

L'emploi des manchons incandescents permet un très bon éclairage, mais il n'est pas sans inconvénient en cas de chocs brusques ou d'arrêt subit des wagons : leur détérioration est facile dans ce cas et il en résulte un éclairage des plus défectueux pendant tout le reste du trajet.

L'emploi des lampes-phares à éclipse dans le but d'obtenir une lumière intense se projetant au loin s'est beaucoup développé pendant ces dernières années, principalement en ce qui concerne l'acétylène. Le dispositif de Besnard permet d'obtenir soit un faisceau composé de rayons parallèles (fig. 17) soit un faisceau divergent (fig. 18). Les rayons ainsi produits n'éblouissent pas et éclairent à une très grande distance du foyer lumineux. Le même appareil peut du reste se prêter à cette double combinaison.

Enfin, il faut signaler les essais tentés dans ces derniers temps avec les lampes électriques à filaments métalliques alimentées par des accumulateurs. La faible consommation d'énergie de ces lampes et leur grande fixité de lumière laissent espérer que leur emploi se généralisera dans l'éclairage des trains avec autant de rapidité et de succès que dans les autres applications en se substituant peu à peu aux autres procédés d'éclairage électrique déjà vieillis par trente ans d'existence.

TABLE DES MATIÈRES

TROISIÈME PARTIE

Avantages et inconvénients des différents systèmes d'éclairage, au point de vue du mécanisme de réglage, de l'hygiène et de la sécurité.

QUATRIÈME PARTIE

Exigences particulières des différentes catégories d'installations

Arras. — Imp. Schoutheer Frères, rue des Trois-Visages, 59

www.ingramcontent.com/pod-product-compliance
Lightning Source LLC
LaVergne TN
LVHW050432160826
845677LV00002BA/673

* 9 7 8 2 3 2 9 6 7 6 2 9 6 *